DAS UNIVERSUM
IN 30 SEKUNDEN

DAS UNIVERSUM
IN 30 SEKUNDEN

50 faszinierende Phänomene
des Weltalls

Charles Liu
Karen Masters
Sevil Salur

Illustrationen
Steve Rawlings

Librero

Titel der Originalausgabe:
»30-Second Universe«

www.librero-ibp.com

Zuerst 2019 in Großbritannien bei Ivy Press
erschienen, einem Imprint der Quarto Group

Herausgeberin: Susan Kelly

Creative Director: Michael Whitehead

Chefredakteur: Tom Kitch

Artdirector: James Lawrence

Projektleitung: Stephanie Evans

Gestaltung: Ginny Zeal

Illustrationen: Steve Rawlings

Aus dem Englischen von Markus Roduner
Lektorat und Satz: G & R Vilnius, Litauen

Gedruckt und gebunden in China

ISBN: 978-94-6359-479-0

INHALT

Einführung

Charles Liu

Das Universum – dabei denken wir an die Planeten, Sterne, Nebel und Galaxien, die uns am Nachthimmel in Staunen versetzen. Seitdem es den Menschen gibt, ist uns klar, dass die Erde mit ihren Land- und Wassermassen nur ein winziges Sandkorn im nahezu grenzenlosen Ozean des Weltraums ist.

Diese Sicht des Kosmos lässt jedoch vieles außer Acht: Zum Universum gehören Raum, Zeit, Materie und Energie sowie alles, was aus deren Wechselwirkungen bis heute entstanden ist – alles Physikalische, Chemische, Biologische, Psychologische, Intellektuelle und Soziale. Das Universum wäre unvollständig ohne jedes noch so unbedeutend scheinende Teilchen, jede Welle, jedes Lebewesen und ohne jede Vorstellung oder Idee, die jemals einem Menschen einfiel oder noch einfallen wird, wobei es völlig bedeutungslos ist, ob sie wieder in Vergessenheit gerät oder fortbesteht, ob sie mit anderen geteilt wird und ob sie uns zu beeinflussen vermag.

Selbst wenn wir das Universum in seiner ganzen Komplexität zu erfassen versuchten, würden wir es nur im Ansatz begreifen können. Dabei wird uns klar, dass unsere großen und existenziellen Fragen das Universum selbst betreffen. Wie begann alles? Wie wurde das Universum zu dem, was es heute ist? Was ist noch alles da draußen, jenseits unseres Horizonts? Was sind die kleinsten Bausteine alles Bestehenden? Wird es das Universum ewig geben? Existiert etwas jenseits der Grenzen des Universums und wenn ja, was? Und die für uns selbst brennendste, aber auch schwierigste Frage: Warum sind wir hier?

Stück für Stück haben wir Menschen über Tausende von Generationen versucht, das gewaltige kosmische Puzzle, das in seiner Ganzheit wohl kaum zu überschauen ist, zusammenzusetzen und dabei vor allem in jüngerer Zeit große Fortschritte gemacht. Wie Albert Einstein bemerkte: »Das Unverständlichste am Universum ist, dass wir es verstehen können.« So kennen wir heute mit einiger Sicherheit den Beginn von Raum und Zeit – unser Universum existiert seit 13,8 Milliarden Jahren. Wir wissen um seine anfängliche Gestalt, in der die mikroskopischen Grundlagen aller Materie und Energie von heute entstanden. Wir wissen, warum Planeten rotieren, warum Sterne leuchten und warum Galaxien zusammenprallen und verschmelzen, während das Universum immer schneller expandiert und sich die Materie darin immer stärker verteilt.

Unsere Erkenntnisse über das Universum verdanken wir oft eigens dafür entwickelten gewaltigen Instrumenten: dem Hubble-Weltraumteleskop das Auffinden Dunkler Materie und Dunkler Energie, dem *Large Hadron Collider* die Entdeckung des Higgs-Teilchens und des Quark-Gluon-Plasmas oder dem LIGO-Detektor den Nachweis von Gravitationswellen, wie sie bei der Kollision Schwarzer Löcher freigesetzt werden. Auf der Grundlage dieser und anderer wissenschaftlicher Erkenntnisse haben Forscher Theorien weiterentwickelt, die trotz ihrer soliden wissenschaftlichen Grundlage nicht selten aus dem Reich des Fantastischen zu stammen scheinen, darunter Urknall, kosmische Inflation, Stringtheorie, Supersymmetrie oder auch die Existenz eines Multiversums, in dem unser Universum nur eines von möglicherweise unendlich vielen ist.

Die Entschlüsselung des Kosmos ist langwierig und stellt die Geduld des Menschen auf die Probe. Oft verließ sich der Mensch im Laufe seiner Geschichte auf Schlussfolgerungen seines Verstandes. Denn auch dies ist Teil des Universums: das Reich der Metaphysik, in dem wir uns fragen, was sich jenseits aller Horizonte befindet. Existiert etwas, das das Universum übersteigt, und wenn ja, was? Haben der Gedanke, das Bewusstsein oder die Existenz eine über sich hinausweisende Bedeutung? Können wir alles mit Bestimmtheit wissen? Und: Wissen wir überhaupt etwas?

Das Buch, das Sie in Händen halten, schildert in sieben Kapiteln die Suche der Menschheit nach Erkenntnis des Universums. Im Kapitel **Ursprünge des Universums** lernen wir sein Werden vom allerersten Moment bis zu der Epoche kennen, in der Sterne und Galaxien die Weiten des Raums erhellten. Als Nächstes untersuchen wir die Eigenschaften unseres gekrümmten, alternden und expandierenden **beobachtbaren Universums**, um anschließend einen eingehenden Blick auf das **Quantenuniversum** aus submikroskopischen Teilchen und einer verstörenden Unschärfe zu werfen, die den Kosmos in seinen Fundamenten beherrscht. Nun zoomen wir wieder heraus und richten unseren Blick auf Sterne, Galaxien und andere kosmische Gebilde, die das **physikalische Universum** bevölkern, um uns gleich darauf dem jenseits davon gedachten **metaphysischen Universum** zuzuwenden. Anschließend beschäftigen wir uns mit dem **Schicksal des Universums** – wir Menschen, unsere Welt, das ganze Universum wird sich mit einem Feuerwerk verabschieden. Und zuletzt blicken wir über alles mit einiger Sicherheit Existierende hinaus auf das **Multiversum**, von dem unser Universum ein Teil sein könnte, und werfen einen Blick auf die möglichen Ränder einer unbegrenzten Realität, in der das Licht nie erlischt.

DIE URSPRÜNGE DES UNIVERSUMS

DIE URSPRÜNGE DES UNIVERSUMS
GLOSSAR

Dunkle Energie Hypothetische Form der Energie im Universum in Verbindung mit einem Vakuum, mit der sich die beobachtete beschleunigte Expansion des Universums erklären lässt. Ihre Natur ist unbekannt, aber die festgestellten Beschränkungen legen nahe, dass sie in Bezug auf Raum und Zeit konstant ist (»kosmologische Konstante«).

Ion Elektrisch geladenes Atom. Im neutralen Zustand besitzen Atome gleich viele Elektronen wie Protonen. Bei der Ionisierung werden Elektronen aus den Atomen entfernt, sodass sie danach positiv geladen sind, oder hinzugefügt, sodass sie eine negative Ladung aufweisen.

Kernfusion/-spaltung Atomkerne können infolge der starken Wechselwirkung verschmelzen (Fusion) oder zerfallen (Spaltung). Atomkerne mit steigender Massezahl bis zum Element Eisen setzen bei der Fusion Energie frei. Schwerere Kerne setzen bei der Spaltung Energie frei.

Kosmische Strahlung Hochenergetische Teilchenstrahlung von Sonne, Milchstraße und fernen Galaxien. Trifft sie auf die obere Erdatmosphäre, entstehen Teilchenschauer mit anderen Teilchen, die sich nachweisen lassen.

Kosmischer Horizont Maximale Entfernung, aus der das Licht seit der Entstehung des Universums hat zu uns gelangen können. Weiter entfernte Bereiche des Universums entziehen sich der Beobachtung.

Kosmologische Konstante *Siehe* Dunkle Energie.

Lichtjahr Entfernung, die das Licht (im Vakuum) in einem Jahr (365,25 Tagen) zurücklegt: 9,46 Billionen Kilometer. Oft als Zeiteinheit missverstanden.

Lyman-Alpha-Wald Ansammlung scharfer Absorptionslinien in den Spektren entfernter Galaxien oder Quasare. Die Linien werden hauptsächlich durch den Lyman-Alpha-Übergang von Elektronen im Wasserstoffatom entlang der Sichtlinie zum Objekt verursacht. Die Ausdehnung des Universums lässt sie bei bestimmten Wellenlängen als »Wald« in Erscheinung treten.

Megaparsec Eine Million Parsec oder etwa 3,3 Millionen Lichtjahre.

Multiversum Nach dieser These ist unser Universum nur eines von vielen mit womöglich unterschiedlichen Grundeigenschaften.

Photon Lichtteilchen. Seine Energie ist proportional zur Frequenz, sodass hochfrequente (kurzwellige) Photonen wie Röntgenstrahlen viel Energie transportieren, niederfrequente Photonen dagegen nur wenig.

Proton Teilchenart, Baustein des Atomkerns mit positiver Ladung. Der Wasserstoffkern besteht nur aus einem einzelnen Proton, während der Atomkern von Uran als schwerster natürlich vorkommender 92 Protonen besitzt.

Quantenfluktuation Nach der Heisenberg'schen Unschärferelation sind der Genauigkeit, mit der wir die Energie eines bestimmten Punktes in Raum und Zeit erfassen können, Grenzen gesetzt. Als Quantenfluktuation bezeichnet man eine von dieser Unsicherheit verursachte vorübergehende Zunahme der Energie an einem Punkt im Raum. Damit in Verbindung steht die Bildung von Teilchen-Antiteilchen-Paaren, die besonders für das frühe Universum von Bedeutung sind.

Quasar Als Lichtpunkt erscheinende Akkretionsscheibe um ein supermassereiches Schwarzes Loch in einer sehr weit entfernten Galaxie. Bewegt sich Materie spiralförmig in ein Schwarzes Loch, bildet sich eine kreisförmige Akkretionsscheibe, die infolge der Reibung zwischen den Teilchen sehr heiß wird und viel Licht erzeugt. Aufgrund der Entfernung sehen wir nur einen Punkt, während die Wirtsgalaxie, weil zu dunkel, oft unsichtbar bleibt.

Radioaktiver Zerfall Prozess, bei dem schwere Atomkerne spontan (nicht durch Spaltung) in andere kleinere Atomkerne zerfallen und dabei Energie freisetzen.

Raumzeit Darstellung der drei Dimensionen des Raumes und der eindimensionalen Zeit als vierdimensionale mathematische Struktur. Die dreidimensionale Oberfläche wird dabei als Hyperfläche bezeichnet. Nicht selten werden in Diagrammen die Raumdimensionen zu einer Ebene zusammengefasst, sodass eine »Hyperfläche des kosmischen Raums« entsteht – eine Darstellung des gesamten Raumes auf seinem Weg durch die Zeit.

Rekombination Der Moment in der Geschichte des Universums, in dem sich Elektronen und Protonen zum ersten Mal zu Wasserstoffatomen verbanden und dabei die erste elektromagnetische Strahlung (das erste Licht) freisetzten, die sich im gesamten Universum ausbreiten konnte.

Rotverschiebung Durch die Expansion des Universums verursachte Streckung der Wellenlängen der elektromagnetischen Strahlung.

Schwarzer Körper Auch Schwarzer oder Planck'scher Strahler. In der Physik ein glühend heißes Objekt, das elektromagnetische Strahlung absorbiert und seinerseits Wärmestrahlung emittiert. Das Intensitätsmaximum dieser Strahlung verschiebt sich mit zunehmender Hitze zu kürzeren Wellenlängen hin. Eine allseits bekannte Form der Schwarzkörperstrahlung ist das rote oder weiße Glühen stark erhitzten Metalls; das weiße (oder blaue) Licht weist eine kürzere Wellenlänge auf als das rote.

Winkelausdehnung Scheinbare Größe eines Objekts für den Betrachter. Je näher es sich befindet, desto größer erscheint es: Während eine Münze in einem Meter Entfernung eine Winkelausdehnung (scheinbare Größe) von etwa einem Grad hat, beträgt diese bei einem Abstand von einem halben Meter bereits zwei Grad und bei 2,5 Zentimetern Entfernung etwa 40 Grad.

4. Juli 1868
Geburt in Lancaster, Massachusetts als ältestes von sieben Kindern von George Roswell Leavitt und Henrietta Swan Kendrick

1886–1888
Besuch des Oberlin College Ohio nach Umzug der Familie

1888–1892
Studium an der *Society for the Collegiate Instruction of Women* (Spitzname »Harvard Annex«) in Cambridge, Massachusetts (dem späteren Radcliffe College); erste Vorlesungen in Astronomie

1893–1896
Volontärstelle am Harvard-College-Observatorium mit finanzieller Unterstützung ihrer Eltern

1896–1898
Reisen durch Europa, Erkrankung mit Schwerhörigkeit als Folge; für den Rest ihres Lebens bei schlechter Gesundheit

1898–1902
Assistentin am Beloit College für freie Künste in Wisconsin nach Umzug ihrer Familie

1903
Rückkehr nach Cambridge, Massachusetts, ständige Mitarbeiterin des *Harvard College Observatory*

ab 1904
Entdeckung zahlreicher veränderlicher Sterne in Sternbildern am Südhimmel, darunter in der Großen und Kleinen Magellan'schen Wolke

1908
Veröffentlichung eines Aufsatzes zur Leuchtkraft von Sternen mit dem Titel *1777 Variables in the Magellanic Clouds*

1912
Entdeckung des Zusammenhangs zwischen der absoluten Leuchtkraft der Cepheiden und deren Perioden

21. Dezember 1921
Tod in Cambridge, Massachusetts; später Benennung des Asteroiden 5383 und des Mondkraters Leavitt nach ihr

HENRIETTA SWAN LEAVITT

Henrietta Swan Leavitt kam als Tochter des Pfarrers George Roswell Leavitt und seiner Frau Henrietta Swan Kendrick zur Welt. Die Familie zog immer wieder in eine andere Gemeinde um, in Henriettas späten Teenagerjahren beispielsweise nach Cambridge, Massachusetts, wo sich die renommierte Harvard University befindet. Da es im ausgehenden 19. Jahrhundert gerade in den USA um die Bildungschancen von Frauen schon viel besser stand, bot sich Leavitt die Möglichkeit zu einem Studium an der *Society for the Collegiate Instruction of Women*. In ihrem Abschlusszertifikat stand, dass sie, »wäre sie ein Mann gewesen«, einen Bachelor-Abschluss von Harvard erhalten hätte. Zu ihren Diplomfächern gehörten Mathematik und Astronomie.

In dieser Zeit entdeckten Astronomen die Möglichkeiten der Fotografie verstärkt für sich und belichteten in den größeren Observatorien nachts Glasplatten. So konnten sie die Ergebnisse ihrer Beobachtungen detaillierter als je zuvor untersuchen. Charles Pickering, der damalige Direktor des Harvard-College-Observatoriums, erkannte, dass Frauen die Analyse für weit weniger Geld erledigten als Männer. So wurde Leavitt zu einer von über 80 »Computerfrauen«, die während Pickerings Amtszeit Position, Farbe und Helligkeit aller Sterne katalogisierten, deren Licht von den fotografischen Platten eingefangen worden war. Diese anspruchsvolle Aufgabe erforderte sowohl akribische Detailgenauigkeit als auch eine sorgfältige mathematische Analyse.

Leavitt interessierte sich besonders für die variablen Sterne – Lichtpunkte, die über Tage oder Wochen hinweg periodisch heller und dunkler werden. Viele davon, so stellte sie fest, befinden sich in der Großen und Kleinen Magellan'schen Wolke und sind, da sie sich in diesen zwei kleinen Satellitengalaxien der Milchstraße befinden, alle etwa gleich weit von der Erde entfernt. Dank dieser Erkenntnis entdeckte sie einen Zusammenhang zwischen der Geschwindigkeit der Helligkeitsschwankungen (den Perioden) und der absoluten Helligkeit der entsprechenden Sterne. Bei dieser als Cepheiden bezeichneten Klasse handelt es sich um große, pulsierende Sterne, deren Helligkeit streng periodisch schwankt. Leavitt formulierte als Erste das Verhältnis von der Pulsationsperiode zur Helligkeit des Sterns – noch bevor man verstand, warum sie auftrat. Das »Leavitt'sche Gesetz« entwickelte sich zu einer der wichtigsten Methoden, um Entfernungen von der Milchstraße zu anderen Galaxien zu messen. Edwin Hubble zitierte es später in seiner Arbeit, in der er auf der Basis von Entfernungen zu Galaxien die Ausdehnung des Universums ermittelte.

1921 wurde Leavitt zur Leiterin der Sternphotometrie am Harvard-College-Observatorium ernannt, starb aber im selben Jahr im Alter von 53 Jahren an Krebs. Hubble soll ihre Arbeit später als nobelpreiswürdig erachtet haben – leider zu spät, da Nobelpreise nicht posthum verliehen werden.

DER URKNALL

30-Sekunden-Explosion

3-SEKUNDEN-BLITZ
Am Anfang des Universums stand ein winziger Punkt von unglaublicher Dichte, der sich vor etwa 13,8 Milliarden Jahren plötzlich auszudehnen begann.

3-MINUTEN-AUSDEHNUNG
Auch wenn wir noch nicht mit Sicherheit wissen, ob das Universum beim Urknall unendlich klein war, lässt sich seine maximale Größe zu Beginn der Expansion abschätzen: etwa 10^{-35} Meter. Das Verhältnis eines Sandkorns zu diesem Durchmesser ist 100 Trillionen Mal größer als das der Erde zum Sandkorn.

Das Universum dehnt sich immer weiter aus. Nach astronomischen Messungen bewegt sich jeder Punkt im Universum, der durch keine Kraft an seine lokale Umgebung gebunden ist, von jedem anderen Punkt in der Raumzeit weg. Die Geschwindigkeit beträgt etwa 70 Kilometer pro Sekunde pro Megaparsec – etwa ein Zehnmilliardstel Kilometer pro Stunde, wenn wir von der Schwerkraft unbeeinflusst auf gegenüberliegenden Seiten der Erde stünden. Somit ist die Ausdehnung auf die Erde bezogen kaum zu messen, in Bezug auf Millionen oder Milliarden Lichtjahre entfernte Galaxien jedoch gut zu beobachten. Obwohl durch Messungen belegte, durchaus wichtige Unterschiede in der Expansionsrate des Universums über Äonen hinweg existieren, weicht sie in Bezug auf die nähere Vergangenheit nicht allzu sehr von der heutigen ab. Zwar wissen die Astronomen noch immer nicht, ob die Größe des Universums endlich ist, doch ist bekannt, dass es gestern kleiner als heute und letzte Woche und vergangenen Monat, voriges Jahr usw. noch kleiner war. Mithilfe des umgekehrten Werts der Expansionsrate haben die Astronomen berechnet, dass das Universum vor etwa 13,8 Milliarden Jahren ein winziger Punkt gewesen sein dürfte – um Welten kleiner, heißer und dichter als heute. Der Augenblick, in dem dieser winzige Punkt zu wachsen begann und sich allmählich in das Universum verwandelte, in dem wir heute leben, wird als Urknall bezeichnet.

VERWANDTE THEMEN
WIE ALLES BEGANN
Seite 22

DAS FINALE – DUNKEL & KALT
Seite 130

3-SEKUNDEN-BIOGRAFIE
EDWIN HUBBLE
1889–1953
Amerikanischer Astronom, der als Erster die ständige Expansion des Universums nachwies, indem er bei Messungen feststellte, dass sich weiter entfernte Galaxien schneller von der Erde entfernen als nähere

Der Urknall war eine Ausdehnung des Raums und keine Explosion im Raum.

WO ALLES BEGANN

30-Sekunden-Explosion

3-SEKUNDEN-BLITZ
Der Urknall fand überall im Universum gleichzeitig statt, sodass wir uns alle im Zentrum unseres eigenen kosmischen Horizonts befinden.

3-MINUTEN-AUSDEHNUNG
Astronomen bezeichnen den Raum innerhalb unseres kosmischen Horizonts als »beobachtbares Universum«. Der Kürze halber wird der Modifikator »beobachtbar« oft weggelassen und als impliziert betrachtet, denn unter Beachtung der physikalischen Gesetze können wir darüber, was sich hinter diesem Horizont befindet, nichts erfahren. Auch der Raum innerhalb des kosmischen Horizonts gibt uns allerdings genug Rätsel auf, denn er umfasst 100 Trillionen (10^{23}) Kilometer in alle Richtungen und wird immer größer.

Die als Urknall bezeichnete plötzliche Ausdehnung unseres Universums von einem winzigen Punkt aus geschah gemäß der vorherrschenden Ansicht nicht an irgendeinem Ort im Kosmos, sondern im gesamten Kosmos gleichzeitig: Von jedem Punkt im sich ausdehnenden Universum aus gesehen bewegte sich jeder andere Punkt weg. Somit darf jeder beliebige Punkt als Mittelpunkt des Universums gelten. Die Grenze, bis zu der wir das in Ausdehnung begriffene Universum beobachten können, wird als kosmischer Horizont bezeichnet. Stellen wir uns zur Veranschaulichung vor, dass wir uns auf einem Schiff mitten im Ozean befinden. Wir sehen in alle Richtungen nur Wasser, denn die Form der Erde hindert uns daran zu sehen, was sich hinter dem Horizont befindet. Möglicherweise erkennen wir auf dem Wasser zwei Schiffe, eines weit im Osten, das andere weit im Westen. Diese beiden Schiffe können einander jedoch nicht sehen, weil sich ihre Horizonte nicht überschneiden. Wenn wir in diesem Bild die Ozean- durch Raumschiffe ersetzen, so befindet sich jedes von ihnen in der Mitte eines Raumvolumens, das von seinem jeweils eigenen kosmischen Horizont begrenzt wird. Die Besatzung könnte nicht sagen, wo genau sich das Schiff im Universum befindet.

VERWANDTE THEMEN
DER URKNALL
Seite 16

WANN ALLES BEGANN
Seite 20

KOSMISCHE KRÜMMUNG
Seite 42

3-SEKUNDEN-BIOGRAFIE
ALLAN SANDAGE
1926–2010
Amerikanischer Astronom und beobachtender Kosmologe, der wesentlich zur Messung der Größe des beobachtbaren Universums sowie der Messung der Entfernung bis zu unserem kosmischen Horizont beigetragen hat

Jeder von uns befindet sich im Zentrum des Universums, genauer gesagt, in der Mitte seines eigenen kosmischen Horizonts.

WANN ALLES BEGANN

30-Sekunden-Explosion

3-SEKUNDEN-BLITZ
Messungen ergaben, dass der Urknall, die Geburtsstunde des Universums, vor 13,8 Milliarden Jahren stattgefunden haben dürfte.

3-MINUTEN-AUSDEHNUNG
Die Dimensionen des Universums machen die übliche Definition eines Jahres als Zeit, die die Erde für ihren Weg einmal um die Sonne braucht, für den astronomischen Gebrauch zu ungenau. Nach der Definition der Astronomen hat ein Jahr exakt 365,25 Tage zu 86 400 Sekunden. Eine Sekunde wiederum ist als Zeit definiert, die vergeht, bis 9 192 631 770 Strahlungszyklen eines bestimmten atomaren Prozesses in Cäsiumatomen abgelaufen sind.

Mithilfe astronomischer Messungen der heutigen Ausdehnung und Geometrie des Universums haben Forscher mit einer Abweichung von weniger als 0,5 Prozent oder 50 Millionen Jahren auf die Entstehung unseres Universums vor 13,8 Milliarden Jahren geschlossen. Es ist also durchaus möglich, dass die moderne Wissenschaft das Alter des Universums mit größerer Genauigkeit kennt als wir dasjenige vieler unserer Freunde! Die ersten Sterne entstanden einige Hundert Millionen Jahre nach dem Urknall, die ersten Galaxien, darunter vermutlich auch die Milchstraße, noch einmal Hunderte Millionen Jahre später, das Sonnensystem mit Sonne und Erde erst vor etwa 4,5 Milliarden Jahren. Auf die Frage, was vor dem Urknall war, gibt es ebenso keine richtige Antwort wie auf die Frage: Wo auf der Erde ist nördlich des Nordpols? Beide Richtungen, im einen Fall zeitlich, im anderen Fall räumlich, sind nicht über ihren Ausgangspunkt hinaus definiert. Alles, was möglicherweise zum Zeitpunkt des Urknalls schon existierte – andere Universen, vielleicht im Rahmen eines gigantischen hypothetischen Multiversums –, gehört nicht zu unserem Universum.

VERWANDTE THEMEN
DER URKNALL
Seite 16

WO ALLES BEGANN
Seite 18

WIE ALLES BEGANN
Seite 22

VIELE WELTEN
Seite 140

3-SEKUNDEN-BIOGRAFIEN
LOUIS ESSEN
1908–1997

JACK PARRY
Lebensdaten unbekannt

Britische Physiker, die die Atomuhr auf Cäsiumbasis erfanden und damit Pionierarbeit für die hochpräzise Zeitmessung leisteten, ohne die moderne Wissenschaft kaum möglich wäre

Selbst Atomuhren sind nicht annähernd präzise genug, um den exakten Zeitpunkt zu messen, in dem die Zeit begann.

13.8
4
1
0.1

WIE ALLES BEGANN

30-Sekunden-Explosion

3-SEKUNDEN-BLITZ
Zu den von Wissenschaftlern postulierten Ursachen des Urknalls gehören Quantenfluktuationen oder kollidierende Branen (von Membran), aber noch hat sich keine These allgemein durchgesetzt.

3-MINUTEN-AUSDEHNUNG
Um sich eine Vorstellung von den Energieausbrüchen in Quantenfluktuationen machen zu können, stelle man sich einen starken Lichtblitz vor, von so kurzer Dauer, dass er weg ist, bevor das Licht unser Auge erreicht – je stärker der Blitz, desto kürzer. Und nun stellen wir uns zwei nahe beieinanderliegende Seifenblasen in einer Badewanne vor, die sich zu einer »Doppelblase« vereinigen; so etwa kann man sich den Zusammenstoß zweier Branen vorstellen.

Wie kann sich ein Universum von einem winzigen Punkt aus zum unvorstellbar großen Weltraum von heute ausdehnen? Ein Szenario erklärt dies mit dem Auftreten und Verschwinden riesiger Energiemengen in winzigsten Zeiträumen als Folge der quantenmechanischen Natur von Raum und Zeit. Ein Blitz von kosmischer Macht, der nicht sofort wieder verschwindet, könnte eine gigantische Kettenreaktion auslösen, die Energiemengen freisetzt, die eine schnelle räumliche Ausdehnung anzutreiben vermögen. Als vielversprechend gilt weiter ein Modell mit Branen: kosmische Hyperflächen mit drei oder mehr Dimensionen, die sich in einer höherdimensionalen Raumzeit, dem Bulk, bewegen. Bei einem kurzzeitigen Kontakt zweier solcher Branen könnte Energie übertragen werden. Falls dabei unser Universum auf die Bran auf der Empfangsseite des Energietransfers beschränkt ist, würde die zusätzliche Energie wie aus dem Nichts kommen und könnte ausreichen, um eine drastische Ausdehnung des Raums zu bewirken. Die Aufspürung dieser Strukturen – falls sie denn existieren – übersteigt jedoch die Möglichkeiten der heutigen Wissenschaft. Die größte Herausforderung bei der Beweisführung – bei allen, nicht nur bei diesen Hypothesen zum Ursprung des Universums – ist stets die gleiche: Der Urknall liegt so weit zurück, und im frühen Universum herrschten, soweit bekannt, so andersartige Bedingungen, dass experimentelle Beweise, wenn überhaupt, nur sehr schwer zu erbringen sind.

VERWANDTE THEMEN
DER URKNALL
Seite 16

QUANTENUNSCHÄRFE
Seite 58

M-THEORIE
Seite 146

3-SEKUNDEN-BIOGRAFIEN
PAUL STEINHARDT
geb. 1952

NEIL TUROK
geb. 1958

Amerikanischer bzw. südafrikanischer Physiker, die die Möglichkeit eines durch kollidierende Branen verursachten Urknalls erforscht haben

Blasenbildende Quantenfluktuationen oder kollidierende kosmische Branen könnten die Geburt des Universums ausgelöst haben.

DIE KRÄFTE ERWACHEN

30-Sekunden-Explosion

Vier fundamentale Wechselwirkungen (Grundkräfte) liegen den Prozessen im Universum zugrunde. Die Gravitation, die uns vertrauteste Kraft, hält die Erde auf ihrer Umlaufbahn um die Sonne, unsere Licht- und Energiequelle. Dank der Schwerkraft verfügt unser Planet über eine Atmosphäre, die Leben ermöglicht. Sie bestimmt über den Weg aller Massen, ob klein oder groß, so auch des Lichts. An zweiter Stelle auf der Skala nach zunehmender Stärke steht die schwache Wechselwirkung. Sie ist für radioaktiven Zerfall und Kernspaltung verantwortlich und kann auch ein Neutron in ein Proton umwandeln, wobei ein Neutrino und ein Elektron als Nebenprodukte entstehen. Als nächststärkere folgt die elektromagnetische Wechselwirkung geladener Teilchen: Eine positive Ladung zieht eine negative an und stößt eine positive ab; Magnetismus entsteht bei der Bewegung einer Ladung. Der Elektromagnetismus erzeugt Blitze in Wolken und ist für die Existenz von Atomen unerlässlich, da er die negativ geladenen Elektronen an die positiv geladenen Kerne bindet. Die starke Wechselwirkung dagegen hält die Protonen zusammen und wirkt der elektromagnetischen Kraft entgegen, die diese positiv geladenen Atombausteine einander abstoßen lässt. Auf sehr kurze Entfernungen, auf (sub)atomarer Ebene, vermag die starke Wechselwirkung die durch die elektromagnetische Wechselwirkung verursachte Abstoßung zu überwinden und bindet die Protonen an die Neutronen zu Atomkernen.

3-SEKUNDEN-BLITZ
Gravitation, schwache, elektromagnetische und starke Wechselwirkung sind Grundkräfte von unterschiedlicher Stärke, die im Verbund über das Verhalten der Teilchen im Universum entscheiden.

3-MINUTEN-AUSDEHNUNG
Wissenschaftler gehen davon aus, dass die heute sehr unterschiedlich starken Grundkräfte ursprünglich von ähnlicher Stärke waren und beim Urknall nur eine einzige existierte, die sich schon nach weniger als einer Sekunde auftrennte. Was zur Auflösung dieser Einheit bei der Geburt des Universums führte, bleibt ein Rätsel, doch hat man inzwischen herausgefunden, dass sich die Stärken der Wechselwirkungen bei den extrem hohen Temperaturen in Teilchenbeschleunigern einander annähern.

VERWANDTE THEMEN

DER URKNALL
Seite 16

GRAVITATION
Seite 46

DAS STANDARDMODELL
Seite 60

BOSONEN ALS VERMITTLER DER GRUNDKRÄFTE
Seite 64

NEUTRINOS
Seite 68

3-SEKUNDEN-BIOGRAFIEN

FEZA GÜRSEY
1921–1992
Türkischer Mathematiker und Physiker, der die mathematischen Grundlagen für eine einheitliche Theorie der Wechselwirkungen miterarbeitet hat

SHELDON LEE GLASHOW
geb. 1932

HOWARD GEORGI
geb. 1947
US-Physiker, die wesentliche Arbeiten zur Vereinigung von Grundkräften leisteten

Die Stärke der vier fundamentalen Wechselwirkungen änderte sich schon sehr bald nach dem Urknall.

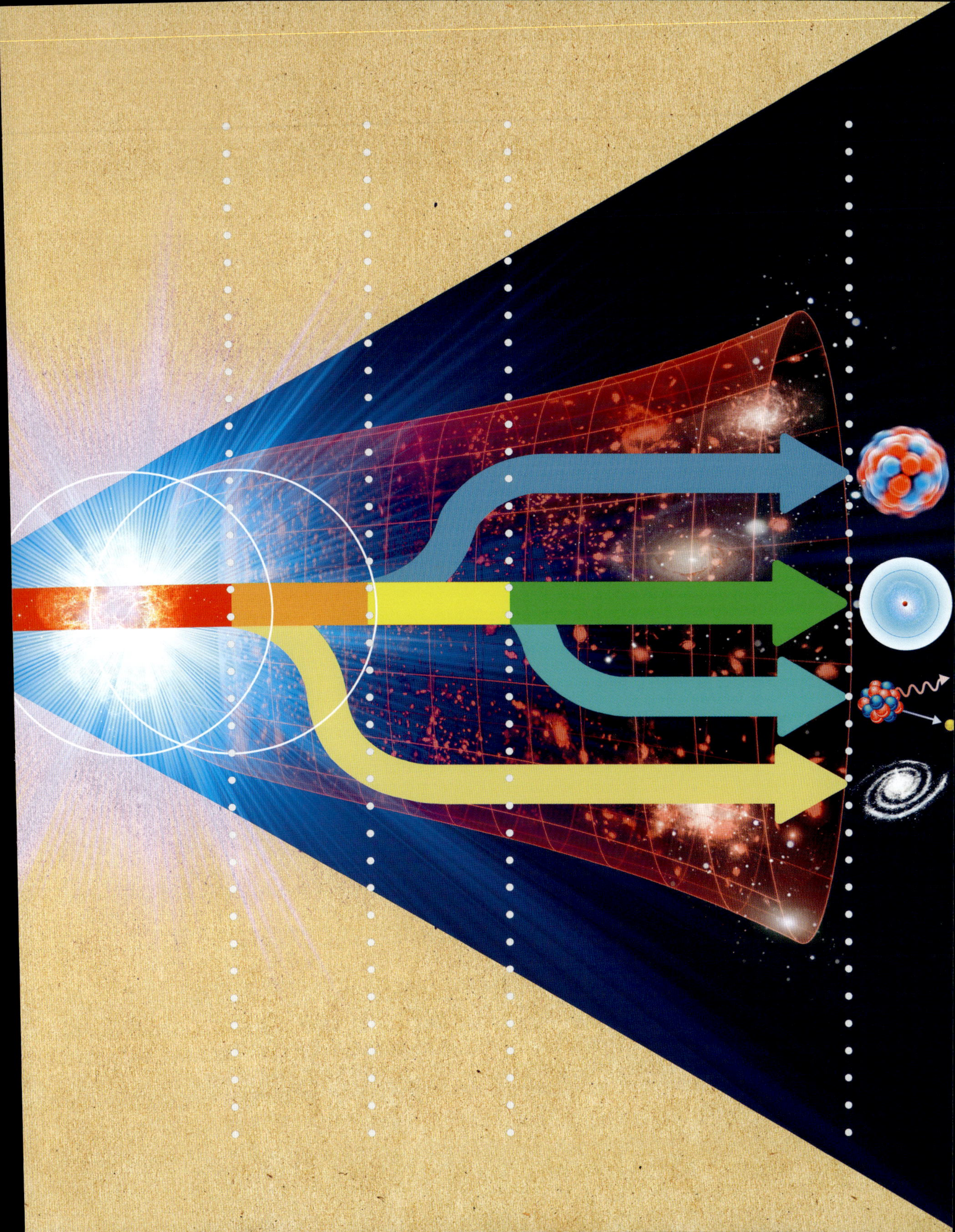

BARYONISCHE AKUSTISCHE OSZILLATIONEN

30-Sekunden-Explosion

Im Universum herrschten kurz nach dem Urknall, in dem sich Elektronen, Protonen und Neutronen herausbildeten, eine extreme Hitze und Dichte. Akustische Schwingungen erzeugten Wellen mit der Dichte von baryonischer (»normaler«) Materie, die gefroren, als sich das Universum ausdehnte und abkühlte. Diese winzigen Überdichten, die wir in der kosmischen Hintergrundstrahlung beobachten können, zogen mit der Zeit immer mehr Materie an, sodass Galaxienhaufen und Superhaufen entstanden. Die maximale Größe der Schallwelle beim Einfrieren kann berechnet werden und hinterlässt einen winzigen Abdruck in Form einer physikalischen Größe bei der Galaxienverteilung: Im heutigen Universum wurde in der Mehrzahl der Fälle zwischen Galaxien ein Abstand von 489 Millionen Lichtjahren (der heutigen Größe der Schallwelle) festgestellt, sonst ein davon in geringem Maß nach oben und unten abweichender. Präzise Statistiken ermöglichten die Kartierung des raffinierten Musters der Galaxienverteilung. Anhand der Winkelausdehnung (scheinbaren Größe) lässt sich die Expansionsrate des Universums ablesen, wobei sich herausgestellt hat, dass sich die Ausdehnung gemäß den Vorhersagen beschleunigt: mit einer kosmologischen Konstante, deren Verallgemeinerung als »Dunkle Energie« bezeichnet wird. Diese Energieform ist allerdings bisher rein hypothetischer Natur.

3-SEKUNDEN-BLITZ
Baryonische akustische Oszillationen (BAO) sind Wellen im frühen Universum, die Kosmologen die Schaffung einer Größenskala ermöglicht haben, mit der sie die Expansion des Universums messen.

3-MINUTEN-AUSDEHNUNG
Stellen wir uns die Wellen vor, die ein Kieselstein verursacht, den wir in ein Wasserbecken werfen. Kühlt man das Wasser sehr schnell stark ab, sieht man anschließend die Wellen im Eis. Und nun stellen wir uns vor, dass eine ganze Handvoll Kieselsteine in dieses Becken fällt, sodass viele sich überlappende Kreise entstehen. Das Muster im Eis sieht zufällig aus, aber mit einer genauen Messung könnten wir feststellen, dass jeder Kreis eines jeden Kieselsteins gleich groß ist. Analog beobachten wir heute die BAO-Skala der Galaxienverteilung.

VERWANDTE THEMEN
HINTERGRUNDSTRAHLUNG
Seite 30

KOSMOLOGISCHE KONSTANTE
Seite 44

MATERIE – HELL & DUNKEL
Seite 48

ENERGIE – HELL & DUNKEL
Seite 50

GALAXIEN
Seite 82

3-SEKUNDEN-BIOGRAFIE
JOHN HUCHRA
1948–2010
Amerikanischer Astronom, der mit seinen Mitarbeitern Valérie de Lapparent und Margaret Geller die ersten Karten der großräumigen Struktur des Universums veröffentlichte

Feingliedrige Muster auf Karten des Universums helfen uns dabei, seine Expansionsgeschichte zu erforschen.

MATERIE & ANTIMATERIE

30-Sekunden-Explosion

3-SEKUNDEN-BLITZ
Antimaterie besteht aus Antiteilchen, die man sich als Gegenstücke zu den Teilchen vorstellen kann, aus denen sich alle Materie im sichtbaren Universum zusammensetzt.

3-MINUTEN-AUSDEHNUNG
Unmittelbar nach dem Urknall war die Zahl der Materie- und Antimaterieteilchen im Universum nahezu gleich. Der Ursprung des winzigen Ungleichgewichts – eine Milliarde Teilchen beinhaltete ein Materieteilchen mehr als Antimaterieteilchen – ist bis heute nicht geklärt. Materie und Antimaterie vernichteten sich gegenseitig (Annihilation), und aus dem winzigen Materieüberschuss besteht alles, was wir heute sehen – von den kleinsten Atomen bis hin zu den größten Galaxien.

Alle Materie im Universum besteht aus subatomaren Teilchen, von denen zu jedem ein Gegenstück, ein Antiteilchen, existiert. Jenes weist dieselben Eigenschaften (z. B. Masse) wie sein Gegenstück auf, jedoch die entgegengesetzte elektrische Ladung. So ist ein Elektron negativ, sein Gegenstück, das Positron, dagegen positiv geladen. Auf natürliche Weise entsteht Antimaterie beim radioaktiven Zerfall und in Gewitterwolken; sie könnte auch in der kosmischen Strahlung vorhanden sein. Künstlich wird sie in Teilchenbeschleunigern in größeren Mengen erzeugt. Antiteilchen können sich zu Antiatomen mit geringer Masse verbinden, beispielsweise ein Antiproton und ein Positron zu einem Antiwasserstoffatom. Paare von Teilchen und Antiteilchen werden immer zusammen erzeugt und vernichtet. Somit können ein Elektron und ein Positron, wenn sie sich gegenseitig vernichten, Photonen erzeugen, die keine elektrische Ladung tragen und ihre eigenen Antiteilchen sind. Antimaterie ist kaum speicherbar, denn Behälter bestehen aus Materie, sodass Antimaterie und Materie unweigerlich aufeinandertreffen und sich gegenseitig vernichten. Forschern ist es jedoch gelungen, Antimaterie in Flaschen festzuhalten, indem sie Antiwasserstoffatome mithilfe von Magnetfeldern von deren Wänden fernhielten.

VERWANDTE THEMEN

QUANTENUNSCHÄRFE
Seite 58

DAS STANDARDMODELL
Seite 60

BOSONEN ALS VERMITTLER DER GRUNDKRÄFTE
Seite 64

3-SEKUNDEN-BIOGRAFIEN

PAUL DIRAC
1902–1984
Britischer theoretischer Physiker, der die Existenz von Antiteilchen vorhersagte

CARL DAVID ANDERSON
1905–1991
Amerikanischer Experimentalphysiker, der das Positron entdeckte und dafür 1936 mit dem Nobelpreis ausgezeichnet wurde

Ein Antiwasserstoffatom kann aus einem Antiproton und einem Positron erzeugt werden.

KOSMISCHE HINTERGRUND-STRAHLUNG

30-Sekunden-Explosion

1964 bauten die amerikanischen Astronomen Arno Penzias und Robert Wilson den damals empfindlichsten Mikrowellendetektor der Welt und nahmen damit einen bisher unerforschten Teil des elektromagnetischen Strahlungsspektrums im Universum ins Visier. Zu ihrer eigenen Überraschung entdeckten sie überall, wohin auch immer sie ihr Gerät richteten, Mikrowellenstrahlung. Zunächst hielten sie ihr Gerät für defekt, doch schon bald wurde ihnen klar, dass sie die kosmische Mikrowellenhintergrundstrahlung entdeckt hatten, deren Existenz das kurz zuvor postulierte Modell eines heißen Urknalls zu Beginn des Universums vorhersagte. Diese Strahlung stammt aus den Anfängen des Universums, als sich Elektronen und Protonen erstmals zu Wasserstoffatomen zusammenschlossen. Vor Beginn dieser Rekombinationsepoche waren Photonen fortlaufend von Materieteilchen absorbiert und freigesetzt worden, sodass das Universum ähnlich einer Wolke undurchsichtig gewesen sein musste. Durch die Rekombination wurde das Universum plötzlich transparent, und die Photonen breiteten sich darin aus. Die genaue Dichte und Temperatur, bei der dieser Übergang stattfand, sind in der Physik ebenso wie das Spektrum der dabei emittierten Strahlung gut bekannte Größen: die eines Schwarzen Körpers. Die Ausdehnung des Universums führte zu einer starken Rotverschiebung des ersten Lichts, sodass wir es heute als Mikrowellenstrahlung nachweisen können.

3-SEKUNDEN-BLITZ
Die kosmische Mikrowellenhintergrundstrahlung ist das erste Licht, das sich im Universum ausbreiten konnte.

3-MINUTEN-AUSDEHNUNG
Jeder Punkt im Universum erzeugt Photonen der Hintergrundstrahlung. Wir messen heute die aus einer 13,8 Milliarden Lichtjahre entfernten Riesenkugel stammende Strahlung, während die an unserem Standort erzeugte sich in derselben Entfernung von hier befindet. Durch die sorgfältige Messung der Hintergrundstrahlung gewinnen wir zahlreiche kosmologisch relevante Informationen: So legen Schwankungen in Temperatur und Dichte nahe, dass das Universum flach ist, während bestimmte Merkmale des Wellenmusters dem möglichen Anteil der Dunklen Materie im Universum Grenzen setzen.

VERWANDTE THEMEN
DER URKNALL
Seite 16

BARYONISCHE AKUSTISCHE OSZILLATIONEN
Seite 26

3-SEKUNDEN-BIOGRAFIEN
ARNO PENZIAS
geb. 1933
ROBERT WILSON
geb. 1936
Amerikanische Astronomen, die 1978 den Nobelpreis für Physik für die Entdeckung der kosmischen Hintergrundstrahlung erhielten

Forscher haben das erste Licht im Universum, die kosmische Mikrowellenhintergrundstrahlung, experimentell gemessen.

KOSMISCHE ILLUMINATION

30-Sekunden-Explosion

Nach der Entkopplung von Materie und Energie sowie der Entstehung der kosmischen Mikrowellenhintergrundstrahlung etwa 380 000 Jahre nach dem Urknall konnte sich jene frei aber nur begrenzt ausbreiten. Zum besseren Verständnis stelle man sich eine Fackel in einer nebligen Nacht vor. Schon nach kurzer Zeit sind ihre Lichtstrahlen mit Wassertröpfchen kollidiert, die sie entweder absorbiert oder in alle Richtungen gestreut haben. In einiger Entfernung können wir deshalb keinen Lichtschein mehr erkennen. Analoges galt in jener frühen Zeit, in der sich Wasserstoff- und Heliumatome im Raum ausbreiteten, für das Universum. Als sich die ersten Generationen von Sternen, Galaxien und Schwarzen Löchern herausbildeten, löste sich dieser »Nebel« allmählich auf, denn jene Objekte gaben hochenergetische Ultraviolett-, Röntgen- und Gammastrahlung in den Weltraum ab. Diese traf auf die dort vorhandenen Gasatome und ionisierte sie – trennte Elektronen von den Kernen und erzeugte geladene Teilchen im Gas. Nun konnte Strahlung mit niedrigerer Energie das Gas durchqueren, ohne absorbiert zu werden. Im Laufe von Hunderten Millionen Jahren wurde der Weltraum größtenteils von neutralem, lichtstreuendem Gas befreit, und die Sterne leuchteten über Tausende, später Millionen von Lichtjahren, und erhellen seither den Kosmos.

3-SEKUNDEN-BLITZ

Das Licht konnte sich erst nach der Reionisierungsepoche weiter im Universum ausbreiten, als der Großteil der Materie wieder elektrisch geladen war.

3-MINUTEN-AUSDEHNUNG

Die Reionisierungsepoche wird so bezeichnet, weil damals die meiste Materie im Universum wieder vollständig ionisiert wurde. Die Entstehung der Hintergrundstrahlung erfolgte zu der Zeit, als die Materie deionisiert und damit elektrisch neutral wurde. Heute ist der größte Teil des verbleibenden neutralen Gases in kalten Gaswolken konzentriert; sie leuchten nicht, können aber anhand des Lichtes beobachtet werden, das sie von weit entfernten leuchtenden Objekten wie Quasaren absorbieren.

VERWANDTE THEMEN

DER URKNALL
Seite 16

HINTERGRUNDSTRAHLUNG
Seite 30

SCHWARZE LÖCHER
Seite 80

GALAXIEN
Seite 82

STERNE
Seite 84

3-SEKUNDEN-BIOGRAFIEN

C. ROGER LYNDS
geb. 1928

WALLACE SARGENT
1935–2012

US-Astronomen und Pioniere bei der Erforschung des Lyman-Alpha-Waldes – intergalaktischer Gaswolken aus elektrisch meist neutralem Wasserstoff, der nach der Reionisierung des Universums übrig blieb und sich ansammelte

Spektroskopische Messungen lassen auf einen fernen intergalaktischen »Wald« aus Wasserstoffwolken schließen, die die Reionisierung überdauerten.

Lyman-α
3
2
1
0
868
870
872
874
876
Lyman-α
850
900
950
1000

DAS BEOBACHTBARE UNIVERSUM

DAS BEOBACHTBARE UNIVERSUM
GLOSSAR

Allgemeine Relativitätstheorie Von Albert Einstein 1915 veröffentlichte Theorie zur Gravitation. Nicht selten wird vereinfacht behauptet, Einstein habe damit Newton widerlegt. Aber in Wirklichkeit stimmt sie bei niedriger Schwerkraft mit Newtons Gravitationstheorie überein, während sie zugleich die Gravitation bei höchster Dichte und extremer Größe erklärt.

Dunkle Energie Hypothetische Form der Energie im Universum in Verbindung mit einem Vakuum, mit der sich die beobachtete beschleunigte Expansion des Universums erklären lässt. Ihre Natur ist unbekannt, aber die festgestellten Beschränkungen legen nahe, dass sie in Bezug auf Raum und Zeit konstant ist (»kosmologische Konstante«).

Eddington-Grenze Licht verursacht einen (geringen) Druck. Die Eddington-Grenze ist die maximale Leuchtkraft eines Sterns, bei der ihn sein eigener Strahlungsdruck noch nicht zur Explosion bringt.

Einstein'sche Feldgleichungen Satz von Gleichungen, der sich auch als zehnteilige Tensorgleichung auffassen lässt und beschreibt, auf welche Weise Materie in Einsteins allgemeiner Relativitätstheorie Gravitation erzeugt.

FLRW-Metrik (Friedmann-Lemaître-Robertson-Walker-Metrik) Metriken sind exakte Lösungen der Einstein'schen Feldgleichungen. Die FLRW-Metrik gilt für ein homogenes, isotropes und expandierendes Universum.

Graviton Ein hypothetisches Teilchen (Eichboson), das Informationen zur Gravitation überträgt.

Hyperbolisches Paraboloid Geometrische Form, die der eines Sattels gleicht. Es handelt sich dabei um eine Fläche, die in der einen Hauptrichtung nach oben, in der anderen dagegen nach unten gekrümmt ist. Der Raum in einem offenen Universum hätte diese Form.

Kritische Dichte Bei dieser Energie- oder Materiedichte befindet sich das Universum in einer idealen Balance zwischen ewiger Ausdehnung und ständigem Schrumpfen bis zu einem »Big Crunch« in ferner Zukunft. Aktuelle Messungen des Universums legen nahe, dass dieses Gleichgewicht gerade vorliegt.

Photon Lichtteilchen. Seine Energie ist proportional zur Frequenz, sodass hochfrequente (kurzwellige) Photonen wie Röntgenstrahlen viel Energie transportieren, niederfrequente Photonen dagegen nur wenig.

Positive kosmologische Konstante Wirkt in Verbindung mit den Einstein'schen Feldgleichungen der natürlichen Tendenz des Universums entgegen, je nach Materie-/Energiedichte zu schrumpfen oder sich auszudehnen. Wird oft zur Erklärung der Dunklen Energie herangezogen.

Quantengravitation Theorie, die auf die Vereinheitlichung der Quantenphysik und der allgemeinen Relativitätstheorie hinarbeitet. Die Quantengravitation ist erforderlich, um den Urknall und die Singularität in den Zentren von Schwarzen Löchern zu erklären.

Quantenphysik Zweig der Physik, der insbesondere zur Erklärung von Phänomenen auf subatomarer Ebene von grundlegender Bedeutung ist. Im Rahmen dieser Theorie können Teilchen als Wellen beschrieben werden, wobei Ort und Impuls niemals gleichzeitig bestimmbar sind.

Teilchen und Antiteilchen Weisen dieselbe Masse, aber entgegengesetzte elektrische Ladung auf. Wenn sie einander zu nahe kommen, vernichten sie sich gegenseitig, wobei reine Energie entsteht.

23. Juli 1928
Geburt als Vera Florence Cooper in Philadelphia, Pennsylvania

1938
Umzug mit der Familie nach Washington

1944
Nach dem Abschluss an der *Coolidge Senior High School* (Washington) Aufnahme eines Studiums am Vassar College, inspiriert von der ehemaligen Absolventin Maria Mitchell, einer US-Astronomin und Frauenrechtlerin

1948
Bachelor in Astronomie am Vassar College

1948
Verweigerung der Aufnahme zum Graduiertenstudium in Princeton und Ablehnung eines Angebots weiterführender Studien in Harvard, um ihrem Mann Robert Rubin an die Cornell University zu folgen

1951
Master-Abschluss an der Cornell University mit einer Arbeit zu Galaxiebewegungen, die von der normalen Expansion des Universums abweichen

1951
Aufnahme eines Promotionsstudiums an der Georgetown University während ihrer zweiten Schwangerschaft

1954
Promotion zu Galaxienhaufen

1965
Mitarbeiterin am Carnegie-Institut in der Abteilung für Erdmagnetismus. Erste Frau, die am Palomar-Observatorium in Kalifornien Beobachtungen vornimmt

1970
Veröffentlichung einer Arbeit, in der sie aufzeigt, dass die Andromedagalaxie Dunkle Materie enthält; damit lieferte sie den ersten überzeugenden Hinweis auf Dunkle Materie in einer Galaxie

1993
Verleihung der *National Medal of Science* durch Bill Clinton

1996
Goldmedaille der *Royal Astronomical Society* (nach Caroline Herschel 1828 erst die zweite Frau, die diese Auszeichnung erhielt)

2002
Gruber-Preis für Kosmologie für ihre Arbeiten zur Entdeckung Dunkler Materie in Galaxien

25. Dezember 2016
Tod in Princeton, New Jersey

VERA RUBIN

Vera Cooper, die als Tochter jüdischer Einwanderer in Philadelphia zur Welt kam, interessierte sich schon früh für die Astronomie. Ihre Entscheidung für ein Astronomiestudium am Vassar College soll darauf zurückgehen, dass dort einst die Astronomin und Frauenrechtlerin Maria Mitchell (1818–1889), die als erste Amerikanerin einen Kometen entdeckt hatte, als Professorin lehrte. Nach ihrem Abschluss 1948 heiratete Vera, die einzige weibliche Absolventin in Astronomie in jenem Jahr, ihren Studienkollegen Robert Rubin. In Princeton wurde ihr die Aufnahme zum weiterführenden Studium aufgrund des Geschlechts verweigert. So machte sie ihren Masterabschluss an der Cornell University und promovierte anschließend an der Georgetown University, während sie mit ihrem Mann gleichzeitig eine Familie gründete.

Vera Rubin wird nicht selten zu den Forscherinnen und Forschern gerechnet, die (womöglich zu Unrecht) nie mit dem Nobelpreis ausgezeichnet wurden. Vermutlich nobelpreiswürdig war ihre Beobachtung, dass Galaxien offenbar mehr Masse besitzen, als man aufgrund ihrer sichtbaren Sterne annehmen könnte. Diese als Dunkle Materie bezeichnete »fehlende Masse« ist von grundlegender Bedeutung für die Bewegung der sichtbaren Sterne in einer Galaxie. Rubin zeigte mit ihren Forschungen zum ersten Mal auf, dass sämtliche Galaxien Dunkle Materie enthalten müssen. Zwar erhielt sie für diese bahnbrechende Entdeckung, die heute in allen Lehrbüchern der Kosmologie erörtert wird, bis zu ihrem Tod im Jahre 2016 keinen Nobelpreis, wurde aber mit der *National Medal of Science*, der Goldmedaille der *Royal Astronomical Society*, sowie dem Gruber-Preis in Kosmologie ausgezeichnet.

Vera Rubin gehörte zu einer Generation von Astronominnen, die zwar nicht immer den Titel der »ersten Frau« (wie Mitchell) beanspruchen konnten, aber noch immer mit der allgegenwärtigen Diskriminierung sowie dem entmutigenden Sexismus zu kämpfen hatten und mit ihrem aktiven Vorgehen dagegen ein wichtiges Vermächtnis hinterließen. Als Beispiel für ihren aktiven Einsatz kann ihre Erfahrung als erste Frau, die am 200-Zoll-Hale-Teleskop auf dem Mount Palomar in San Diego Beobachtungen vornahm, angeführt werden: Dort machte sie auf das Fehlen von Frauentoiletten aufmerksam, indem sie ein Papierschild mit einer Zeichnung eines Rocks an der Tür der Herrentoilette anbrachte. Vera Rubin ist insbesondere als Vorbild für Frauen, die ihre Karriere mit dem Familienleben vereinbaren wollen, und als aktive Stimme für mehr Frauen in der Astronomie bekannt.

ALLGEMEINE RELATIVITÄT

30-Sekunden-Explosion

3-SEKUNDEN-BLITZ
Objekte mit Masse biegen und krümmen das vierdimensionale Gewebe von Raum und Zeit.

3-MINUTEN-AUSDEHNUNG
Die erste Bestätigung durch Beobachtungen erfuhr Einsteins allgemeine Relativitätstheorie 1919, vier Jahre nach ihrer Veröffentlichung. Arthur Stanley Eddington, vielleicht der bedeutendste Astrophysiker seiner Zeit, stellte mehrere Expeditionen zusammen, um die Positionen von Sternen in Bezug zur Sonne während einer totalen Sonnenfinsternis tagsüber beobachten zu können. Die Position der Sterne wich leicht von derjenigen in der Nacht ab, was die Krümmung der Raumzeit durch die Masse der Sonne bestätigte.

Albert Einstein machte 1915 mit der allgemeinen Relativitätstheorie seine vielleicht größte wissenschaftliche Leistung publik. Er erkannte, dass der Raum nicht nur Leere zwischen den Objekten ist, sondern die Matrix, in der sich alles im Universum befindet. Sogar der Raum ohne Materie hat eine dreidimensionale Form. Bei Vorhandensein von Materie krümmt er sich zu ihr hin, und es entsteht eine Delle, in der der kürzeste Weg von einem Punkt zu einem anderen gleichfalls gekrümmt sein kann. Als noch bemerkenswerter darf Einsteins Einsicht gelten, dass die Zeit eine mit Länge, Breite und Höhe im Raum vergleichbare Dimension ist. Was wir als den Lauf der Zeit wahrnehmen, ist eigentlich unser Weg durch ihre Dimension – wenn auch nur in eine Richtung, nämlich vorwärts. Die Zeit bildet zusammen mit den drei räumlichen Dimensionen die vierdimensionale Raumzeit – das »Gewebe« des Kosmos. Der Weg zu dieser Entdeckung war beschwerlich, denn Einstein verbrachte erst Jahre mit dem Erarbeiten der dazu erforderlichen mathematischen Grundlagen. Im Endeffekt führte seine Theorie zu einem grundlegenden Wandel im Verständnis des Universums. Heute spielt Einsteins allgemeine Relativitätstheorie sowohl im Kleinen als auch im Allergrößten eine Rolle – ob bei der GPS-Ortung in Handys, Flugbahnen von Satelliten und fernen Raumsonden oder den extremen Umgebungen in der Nähe supermassereicher Schwarzer Löcher.

VERWANDTE THEMEN
KOSMISCHE KRÜMMUNG
Seite 42

SCHWARZE LÖCHER
Seite 80

3-SEKUNDEN-BIOGRAFIEN

ALBERT EINSTEIN
1879–1955
In Deutschland geborener theoretischer Physiker, der für einige der bedeutendsten Entdeckungen in der Geschichte der Physik verantwortlich war und mit seinem persönlichen Engagement sowie seinen Schriften Fragen aus den unterschiedlichsten Bereichen von Wissenschaft, Denken und Gesellschaft ansprach

SIR ARTHUR STANLEY EDDINGTON
1882–1944
Britischer Astrophysiker, nach dem die Eddington-Grenze, die maximale Leuchtkraft kosmischer Energiequellen, benannt ist

Sterne, Planeten, Raumschiffe und sogar Menschen erzeugen Dellen in der Raumzeit: Das ist die Gravitation.

KOSMISCHE KRÜMMUNG

30-Sekunden-Explosion

3-SEKUNDEN-BLITZ
Dank der Einstein'schen Feldgleichungen fällt die Messung von Entfernungen im Universum zwar nicht schwer, aber nicht unbedingt »geradlinig« aus.

3-MINUTEN-AUSDEHNUNG
Die nach den Forschern, die sie abgeleitet haben, benannte Friedmann-Lemaître-Robertson-Walker-Metrik ist eine exakte mathematische Lösung der Einstein'schen Feldgleichungen, die das Zusammenwirken von Materie, Energie und Raum im Universum beschreiben. Nicht selten werden die Feldgleichungen zu einer einzigen mathematischen Formel mit zehn Multikomponentengleichungen zusammengefasst. Die äußerst komplexen Berechnungen, die daraus oft resultieren, haben jedoch überraschend klare Lösungen hervorgebracht, die die Krümmung der Raumzeit gut erklären.

In der Schule bringt man uns bei, die kürzeste Entfernung zwischen zwei Punkten sei eine Gerade. Den Abstand zwischen zwei diagonal gegenüberliegenden Eckpunkten eines Rechtecks können wir berechnen, indem wir eine Diagonale vom einen zum anderen ziehen, deren Länge nach dem wohlbekannten Satz des Pythagoras zu ermitteln ist: $a^2 + b^2 = c^2$. Auch im Universum ist der kürzeste Abstand zwischen zwei Punkten eine Gerade. Wie Albert Einstein im Rahmen seiner allgemeinen Relativitätstheorie aufzeigte, bewirkt Materie jedoch eine Krümmung des Raums. Zur Illustration stellen wir uns vor, wir zeichnen eine rechteckige Schachtel nicht auf ein flaches Blatt Papier, sondern auf einen Zerrspiegel: Wie sieht nun die »gerade« Linie aus? Glücklicherweise gelten für die Längenmessung auch im Fall von kosmischen Entfernungen mathematische Regeln, nämlich Einsteins Feldgleichungen. Sie bilden den geometrischen Rahmen und sind nur ein wenig komplizierter als der Satz des Pythagoras. Je nach Dichte der im Raum vorhandenen Materie und unter der Annahme, dass keine anderen externen Effekte auftreten, kann eine gerade Linie quer durch das Universum nach innen (wie eine Kugel), nach außen (wie ein hyperbolisches Paraboloid) oder, bei der genau richtigen – kritischen – Dichte, auch gar nicht gekrümmt sein.

VERWANDTE THEMEN

ALLGEMEINE RELATIVITÄT
Seite 40
KOSMOLOGISCHE KONSTANTE
Seite 44

3-SEKUNDEN-BIOGRAFIEN
ALEXANDER FRIEDMANN
1888–1925

GEORGES LEMAÎTRE
1894–1966

HOWARD ROBERTSON
1903–1961

ARTHUR WALKER
1909–2001

Russischer, belgischer, US-amerikanischer und britischer Naturwissenschaftler, die dazu beitrugen, die mathematischen Ausdrücke abzuleiten, die unser gekrümmtes Universum beschreiben; Friedmann und Lemaître arbeiteten unabhängig voneinander, Robertson und Walker dagegen zusammen

»Die Materie sagt der Raumzeit, wie sie sich krümmen, und die Raumzeit der Materie, wie sie sich bewegen soll.«
John Archibald Wheeler

DIE KOSMOLOGISCHE KONSTANTE

30-Sekunden-Explosion

Als Einstein seine Feldgleichungen ausarbeitete, um die Krümmung der Raumzeit durch Materie zu beschreiben, machte er eine bemerkenswerte Entdeckung: Sie implizierten, dass sich das Universum entweder ausdehnt oder dass es schrumpft. Da er aus theoretischen Gründen annahm, dass das Universum auf unbegrenzte Zeit gleich groß bleibt, fügte er seinen Feldgleichungen einen ausgleichenden Faktor hinzu, der den Kosmos statisch hielt: die kosmologische Konstante. Einige Jahre später stellten jedoch Edwin Hubble und andere Astronomen bei der Evaluation von Beobachtungen entfernter Galaxien fest, dass das Universum sich ausdehnen muss und nicht statisch ist. Somit war die kosmologische Konstante hinfällig, und die folgenden Kosmologen-Generationen setzten dafür in Einsteins Feldgleichungen einfach den Wert null ein. Auch Einstein selbst gab zu, die Konstante erscheine ihm nicht mehr notwendig, und zahlreiche Forscher legten ihm in den Mund, er habe erklärt, sie sei sein größter Fehler gewesen. Aber dem ist nicht so, denn neue Durchbrüche bei der astronomischen Beobachtung seit den 1990er-Jahren haben eindeutig ergeben, dass die Geometrie des Universums sich nicht mit ihrer Expansionsrate und Massendichte vereinen lässt. Die eleganteste Lösung, um dieses anomale Verhalten mit der Theorie in Einklang zu bringen, bestand in der Wiedereinführung einer kosmologischen Konstante mit einem positiven Wert, deren Ursache wir allerdings bis heute nicht kennen.

3-SEKUNDEN-BLITZ

Ein Phänomen, das in den Einstein'schen Feldgleichungen – womöglich fälschlicherweise – mathematisch als konstanter Wert in Erscheinung tritt, bewirkt, dass sich das Universum immer schneller ausdehnt.

3-MINUTEN-AUSDEHNUNG

Nach der derzeit genauesten Bestimmung ist der Wert der kosmologischen Konstante sehr klein, aber positiv. Er liegt im richtigen Bereich, damit die Konstante ein Gegengewicht zur kombinierten Gravitation aller Materie im Universum darstellt: Sanft, aber beständig wirkt sie der nach innen gerichteten Krümmung entgegen. Mit der Ausdehnung des Universums dehnt sich auch die Wirkung der kosmologischen Konstante aus. Deshalb nimmt in Abwesenheit anderer Kräfte die kosmische Expansionsrate ständig zu.

VERWANDTE THEMEN

ALLGEMEINE RELATIVITÄT
Seite 40

KOSMISCHE KRÜMMUNG
Seite 42

DAS FINALE – DUNKEL & KALT
Seite 130

3-SEKUNDEN-BIOGRAFIEN

WENDY FREEDMAN
geb. 1957

ROBERT KENNICUTT
geb. 1951

JEREMY MOULD
geb. 1949

Leiteten das *Hubble Space Telescope (HST) Key Project*, das die kosmische Expansionsrate genau genug bestimmte, um aufzuzeigen, dass die kosmologische Konstante ungleich null ist

Der griechische Buchstabe Lambda repräsentiert in den Einstein'schen Feldgleichungen die kosmologische Konstante.

GRAVITATION

30-Sekunden-Explosion

3-SEKUNDEN-BLITZ
Isaac Newtons Auffassung der Gravitation als Anziehungskraft ist eine hervorragende Annäherung an die heutige Definition der Gravitation als Krümmung der Raumzeit durch Masse.

3-MINUTEN-AUSDEHNUNG
In den für uns üblichen Größenordnungen von Masse und Dichte entspricht die Wirkung der Gravitation auf die Bewegung von Objekten einer durch eine Kraft verursachten Beschleunigung. Relativistische Korrekturen sind nur für genaueste Berechnungen wie im Fall der Bahnen von GPS-Satelliten erforderlich. Dagegen kommen bei der Berechnung der Gravitation in extremen kosmischen Umgebungen, zum Beispiel in der Nähe von Neutronensternen oder Schwarzen Löchern, unbedingt Einsteins Gleichungen zum Einsatz.

1687 präsentierte Isaac Newton sein Gravitationsgesetz, mit dem er die Bewegungen von Himmelsobjekten erklärte. Die Gravitation verstand er als Zugkraft, mit der zwei Objekte einander abhängig von ihrer Entfernung anziehen. Die Stärke dieser Kraft ist dabei proportional zur Masse eines jeden Objekts und umgekehrt proportional zum Quadrat der Entfernung zwischen den beiden. Newtons Gravitationstheorie ist eine bis heute andauernde erstaunliche wissenschaftliche Erfolgsgeschichte: Von Sandkörnern bis hin zu Galaxienhaufen hat sich Newtons Formel im Wesentlichen als richtig erwiesen. Erst Jahrhunderte später legte Albert Einstein mit der allgemeinen Relativitätstheorie ein Modell vor, das das Newton'sche ersetzte, da es in jedem Fall galt. Einstein verstand unter der Gravitation die Krümmung von Raum und Zeit durch Objekte mit Masse. Mit der Quantenphysik komplizierte sich unser Verständnis der Gravitation erneut, weil die derzeitigen Versionen der Quantentheorie in wesentlichen Punkten nicht mit der allgemeinen Relativitätstheorie zu vereinen sind. Einige Kosmologen arbeiten an einer einheitlichen Theorie der Quantengravitation, doch ihre Bemühungen waren bisher nicht von Erfolg gekrönt. Und auch die Existenz der Gravitonen, der hypothetischen subatomaren Teilchen, die die Gravitationskraft übertragen, konnte noch nicht bestätigt werden.

VERWANDTE THEMEN
ALLGEMEINE RELATIVITÄT
Seite 40

BOSONEN ALS VERMITTLER DER GRUNDKRÄFTE
Seite 64

DIE NEWTON'SCHEN GESETZE
Seite 78

3-SEKUNDEN-BIOGRAFIE
CHARLES MISNER
geb. 1932
Amerikanischer Physiker, der zusammen mit Kip Thorne und John Archibald Wheeler das klassische englischsprachige Handbuch zur Gravitation für Graduierte verfasste und maßgebliche theoretische Grundlagenforschung zur allgemeinen Relativitätstheorie, Kosmologie und Quantengravitation leistete

In menschlichen Größenordnungen kann man unmöglich zwischen der Gravitation als Kraft oder als Krümmung in der Raumzeit unterscheiden.

MATERIE – HELL & DUNKEL

30-Sekunden-Explosion

Astronomische Beobachtungen haben ergeben, dass zwei Arten von Materie im Universum existieren: die normale, baryonische Materie, aus der Menschen, Erde, Planeten, Sonne und Sterne im Universum bestehen, und die geheimnisvolle Dunkle Materie, über die wir nicht viel mehr wissen, als dass sie Klumpen bildet. Nur baryonische Materie erzeugt auf unterschiedliche, gut erforschte Weise elektromagnetische Strahlung wie Licht, während beide Arten Schwerkraft generieren, deren Wirkung auf andere Objekte in der Nähe wir messen können. Galaxien können nach den Gesetzen der Physik nicht nur aus direkt sichtbarer Materie bestehen, denn dafür ist die von ihnen ausgehende Gravitation um Größenordnungen zu hoch, und außerdem bewegen sie sich in Galaxienhaufen so schnell, dass jene, würden sie nur aus normaler Materie bestehen, auseinanderfliegen müssten. Seit Jahrzehnten suchen Physiker und Astronomen nun schon nach einem Hinweis auf die Natur dieser unsichtbaren Materie, aber noch wurden keine entsprechenden Teilchen direkt nachgewiesen. Bei einem kleinen Bruchteil davon könnte es sich auch um normale Materie handeln, die zu kalt ist, um Licht zu erzeugen, beim großen Rest muss dagegen etwas wahrhaft Exotisches vorliegen, etwas jenseits der auf der Erde aufgefundenen Teilchen und des Standardmodells. Wäre dem nicht so, sähe das Universum ganz anders aus.

3-SEKUNDEN-BLITZ

Materie erzeugt Gravitation, und wir können ihre Masse bestimmen, aber nur »normale Materie« erzeugt Licht, während im Universum die transparente »Dunkle« Materie bei Weitem überwiegt.

3-MINUTEN-AUSDEHNUNG

Nur wenige Astronomen zweifeln an der Existenz von Dunkler Materie, aber aus welcher Art von Teilchen sie bestehen könnte, ist ein – in zunehmendem Maße – ungelöstes Rätsel. Viele Kandidaten aus der Teilchenphysik konnten durch sorgfältige Beobachtungen ausgeschlossen werden. Dennoch muss da etwas sein, denn das Standardmodell der Elementarteilchenphysik müsste ohne eine beträchtliche Menge Dunkler Materie – die nichtbaryonische Materie überwiegt im Universum gegenüber der baryonischen um den Faktor fünf – auf den Kopf gestellt werden.

VERWANDTE THEMEN

MATERIE & ANTIMATERIE
Seite 28

HINTERGRUNDSTRAHLUNG
Seite 30

ENERGIE – HELL & DUNKEL
Seite 50

DAS STANDARDMODELL
Seite 60

GALAXIEN
Seite 82

3-SEKUNDEN-BIOGRAFIE

FRITZ ZWICKY
1898–1974
Schweizer Astronom, der nicht selten als Vater der Dunklen Materie bezeichnet wird, weil er ihre Existenz in den Dreißigerjahren im Rahmen seiner Forschungen zu Galaxienhaufen am Caltech ableitete, wo er einen Großteil seiner wissenschaftlichen Laufbahn verbrachte

Ob Haufenbildung von Galaxien oder die Beugung des Lichts – ihr Einfluss verrät die Existenz der Dunklen Materie.

ENERGIE – HELL & DUNKEL

30-Sekunden-Explosion

Fast alle Erkenntnisse über das Universum stammen aus der Analyse elektromagnetischer Wellen (Strahlung) in all ihren Formen: Gamma-, Röntgen-, Ultraviolettstrahlung, sichtbares Licht, Infrarotstrahlung, Mikro- und Radiowellen. Strahlungsenergie wird von subatomaren Teilchen, den Photonen, transportiert und durch eine Vielzahl physikalischer Prozesse erzeugt: von alltäglichen wie dem Anzünden eines Streichholzes bis zu so ungewöhnlichen wie der Kernfusion in der Sonne. Erstaunlicherweise könnte das größte Energiereservoir im Universum unsichtbar, wenn auch allgegenwärtig sein. In den Neunziger- und Nullerjahren fanden Astronomen immer mehr schlüssige Hinweise für eine positive kosmologische Konstante im Universum, und 2010 war diese Annahme auch hinreichend durch Beobachtungen bestätigt: Das Universum dehnt sich immer schneller aus. Eine mögliche Erklärung für diese beschleunigte Expansion liefert die Annahme eines winzigen, nicht elektromagnetischen und deshalb für Teleskope unsichtbaren Energieteilchens, das mit jedem Punkt des Raums verbunden ist. Die Dichte dieser Dunklen Energie wäre so gering, dass man sie selbst nach galaktischen Maßstäben nicht entdecken könnte. Über das ganze Universum verteilt würde ihre Kraft jedoch ausreichen, um der Gravitation über Entfernungen von Milliarden von Lichtjahren entgegenzuwirken. Diese Dunkle Energie versucht man seit Jahren – bisher erfolglos – mit Spezialbeobachtungen direkt nachzuweisen.

3-SEKUNDEN-BLITZ
Während elektromagnetische Energie das Universum für uns erleuchtet, macht Energie, die wir nicht sehen können, offenbar mehr als zwei Drittel seines Gesamtvolumens aus.

3-MINUTEN-AUSDEHNUNG
Die Expansion des Universums wird im Großen und Ganzen durch die akkumulierte und die relative Dichte der dort vorhandenen Materie und Energie gesteuert. Falls die derzeitigen kosmologischen Modelle und Messungen korrekt sind, wird sich das Universum immer schneller ausdehnen, bis in Milliarden von Jahren an jedem Punkt einer Galaxie nur noch Sterne derselben und unmittelbarer Nachbargalaxien beobachtet werden können, da sich alle anderen zu weit entfernt haben und außer Sichtweite sind.

VERWANDTE THEMEN
KOSMOLOGISCHE KONSTANTE
Seite 44

MATERIE – HELL & DUNKEL
Seite 48

DAS FINALE – DUNKEL & KALT
Seite 130

3-SEKUNDEN-BIOGRAFIEN
SAUL PERLMUTTER
geb. 1959

BRIAN SCHMIDT
geb. 1967

ADAM RIESS
geb. 1969

Amerikanische Astronomen, die 2011 für ihre Entdeckung der beschleunigten Expansion des Universums – dem wichtigsten Beweis für die Existenz der Dunklen Energie – mit dem Nobelpreis für Physik ausgezeichnet wurden

Mit dem Universum wächst auch die Gesamtmenge der Dunklen Energie, was wiederum zu einer Beschleunigung seiner Expansion führt.

DAS QUANTENUNIVERSUM

DAS QUANTENUNIVERSUM
GLOSSAR

ATLAS und CMS Zwei der Teilchendetektoren, am *Large Hadron Collider* (Großen Hadronen-Speicherring, LHC), einem Teilchenbeschleuniger am Europäischen Kernforschungszentrum CERN bei Genf.

Diskreter Wert/diskrete Energie In der Quantenphysik kann die Energie in einem System oft nur ganz bestimmte (diskrete) Werte annehmen. Ein Beispiel aus dem Alltag ist die Anzahl Eier, die man in Packungen im Laden kaufen kann: Meist sind es sechs oder zehn und beispielsweise nicht acht – niemals aber 1,5.

Dualismus Etwas hat doppelte Eigenschaften, in der Physik vor allem beim Welle-Teilchen-Dualismus: Teilchen können als Wellen beschrieben werden und umgekehrt.

Elektron Eines der Elementarteilchen im Universum. Ist negativ geladen und normalerweise in den äußeren Bereichen von Atomen zu finden.

Energieerhaltungssatz Grundlegendes Gesetz der Physik, nach dem die Gesamtenergie eines Systems stets erhalten bleibt. Sie kann zwischen den Energieformen umgewandelt werden, beispielsweise von potenzieller Energie (in der Astrophysik: Gravitationsenergie) in kinetische Energie, wenn man eine Kugel von einem Turm fallen lässt, oder auch in Wärmeenergie, die von Photonen abgestrahlt wird, doch die Gesamtenergie bleibt dabei immer konstant.

Frequenz und Intensität Elektromagnetische Strahlung wie Licht besitzt zwei Grundeigenschaften: Frequenz (Wellenlänge) oder Frequenzbereich (beim sichtbaren Licht eine Farbe) und Intensität oder Helligkeit. Ein Diagramm, das die Intensität als Funktion der Frequenz zeigt, bezeichnet man als Spektrum – ein Beispiel ist der Regenbogen.

Fundamentale Wechselwirkungen (Grundkräfte der Physik) Die vier grundlegend verschiedenen Wege, wie sich physikalische Objekte beeinflussen können: Gravitation, elektromagnetische Wechselwirkung (hält alle festen Materialien zusammen), starke Wechselwirkung (hält die Atomkerne zusammen) und schwache Wechselwirkung (ermöglicht unter anderem Neutrinos die Wechselwirkung mit anderer Materie).

Higgs-Boson (Higgs-Teilchen) Elementarteilchen, dessen Existenz erst kürzlich bewiesen wurde. Es ist dafür verantwortlich, dass die Teilchen, die die schwache Wechselwirkung transportieren, sehr große Massen aufweisen, sodass die schwache Wechselwirkung eine extrem kleine Reichweite hat.

Higgs-Feld Mit dem Higgs-Boson verbundenes Feld. Da sein Wert immer positiv ist, besitzen einige fundamentale Teilchen Masse, obwohl sie es nach dem üblichen Verständnis von Symmetrie nicht sollten.

Ion Elektrisch geladenes Atom. Im neutralen Zustand besitzen Atome gleich viele Elektronen wie Protonen. Bei der Ionisierung werden Elektronen aus den Atomen entfernt, sodass sie danach positiv geladen sind, oder hinzugefügt, sodass sie eine negative Ladung aufweisen.

Leptonen Klasse von Elementarteilchen, zu der Myonen, Taus, Neutrinos und Elektronen gehören. Leptonen besitzen Masse sowie Spin und weisen eine negative (Myonen, Taus, Elektronen) oder keine (Neutrinos) elektrische Ladung auf. Sie unterliegen der schwachen Wechselwirkung, der Gravitation, und falls sie eine elektrische Ladung tragen auch der elektromagnetischen Wechselwirkung, nicht aber der starken Wechselwirkung.

LHC (*Large Hadron Collider*, Großer Hadronen-Speicherring) Teilchenbeschleuniger in einem 26,7 Kilometer langen Ringtunnel am Europäischen Kernforschungszentrum CERN bei Genf unter der schweizerisch-französischen Grenze.

Neutrino-Flavours In der Teilchenphysik bezeichnet »Flavour« eine der Quantenzahlen von Elementarteilchen (Quarks und Leptonen). Die zu den Leptonen gehörenden Neutrinos treten in drei Flavours auf: Elektron-, Myon- und Tau-Neutrino. Die anderen Flavours bei den Leptonen sind Elektron, Myon und Tau.

Photon Lichtteilchen. Seine Energie ist proportional zur Frequenz, sodass hochfrequente (kurzwellige) Photonen wie Röntgenstrahlen viel Energie transportieren, niederfrequente Photonen dagegen nur wenig.

Quantenphysik Zweig der Physik, der insbesondere zur Erklärung von Phänomenen auf subatomarer Ebene von grundlegender Bedeutung ist. Im Rahmen dieser Theorie können Teilchen als Wellen beschrieben werden, wobei Ort und Impuls niemals gleichzeitig bestimmbar sind.

Quark-Gluon-Plasma (QGP) Zustand der Materie bei extrem hohen Temperaturen und/oder Dichten, wenn die Quarks nicht durch die starke Wechselwirkung zusammengehalten werden und somit keine Protonen und Neutronen entstehen. In diesem extremsten am LHC beobachtbaren Energiezustand der Materie befand sich das Universum nach dem Urknall für etwa eine Millionstelsekunde.

Teilchenzerfall Prozess, bei dem sich ein subatomares Teilchen in zwei oder mehrere andere kleinere Teilchen aufspaltet.

Wahrscheinlichkeitswelle In der Quantenphysik beschreibt sie die Wahrscheinlichkeit, dass ein Teilchen an einem bestimmten Ort aufgefunden wird. Vor seiner Beobachtung kann es überall sein (mit der durch die Wellenamplitude angegebenen Wahrscheinlichkeit). Sobald eine Beobachtung stattfindet, kollabiert die Welle, und die Position des Teilchens ist bekannt (nicht aber zugleich auch seine Geschwindigkeit).

7. November 1867
Geburt in Warschau, damals Russisches Reich

1883
Abschluss des Gymnasiums als Klassenbeste

1891–1894
Studium der Physik, Chemie und Mathematik an der Sorbonne in Paris

1895
Heirat mit dem Physiker Pierre Curie

1898
Bekanntgabe der Entdeckung von Polonium und Radium durch Marie und Pierre Curie, Einführung des Begriffs »Radioaktivität« in die Naturwissenschaften

1903
Nobelpreis für Physik zusammen mit Henri Becquerel und Pierre Curie »in Anerkennung der außerordentlichen Leistungen, die sie sich durch ihre gemeinsame Forschung über die von Professor Henri Becquerel entdeckten Strahlungsphänomene erworben haben«

1906
Erste Professorin an der Sorbonne

1911
Nobelpreis für Chemie »in Anerkennung ihrer Verdienste um den Fortschritt der Chemie durch die Entdeckung der Elemente Radium und Polonium, durch Isolierung des Radiums und die Untersuchung der Natur und der Verbindungen dieses bemerkenswerten Elementes«

1909
Gründung des Radium-Instituts (heute Institut Curie) in Paris, das sich zu einem der weltweit führenden Zentren der Erforschung radioaktiver Elemente und ihrer medizinischen Anwendungen entwickelte

1932
Gründung des Warschauer Radium-Instituts (Zentrum für Onkologie – Maria-Skłodowska-Curie-Institut) in ihrer polnischen Heimat

4. Juli 1934
Tod durch aplastische perniziöse Anämie in Frankreich

MARIE CURIE

Die als fünftes Kind zweier Pädagogen als Maria Salomea Skłodowska geborene Marie Curie ist bis heute die einzige Frau, der zwei Nobelpreise verliehen wurden. In ihrer Jugend existierte kein unabhängiges Polen, denn Russland, Preußen und Österreich-Ungarn hatten es am Ende des 18. Jahrhunderts unter sich aufgeteilt. Ihre Eltern sorgten jedoch als stolze Patrioten dafür, dass ihre Kinder die polnische Sprache und Kultur kennen und schätzen lernten – Marie vermittelte sie später auch an ihre eigenen Töchter weiter. Die nationale Einstellung der Familie führte dazu, dass sie ihren Besitz verlor und in finanzielle Not geriet. Mit zehn Jahren starb außerdem Maries Mutter an Tuberkulose. Diese Prüfungen stärkten sie und halfen ihr später dabei, der Menschheit als Pionierin mit großer Beharrlichkeit die Radioaktivität und das Quantenuniversum der Menschheit näherzubringen.

Curie schloss das Gymnasium mit Auszeichnung ab und arbeitete danach als Hauslehrerin und Gouvernante, um sich selbst und ihrer Schwester Bronisława ein Studium zu ermöglichen. Da sie als Frauen nicht in Polen studieren konnten, zog Marie 1891 nach Paris zu Bronisława, die schon Ärztin war, und nahm ein Universitätsstudium auf. An der Sorbonne traf sie Pierre Curie, einen brillanten Physiker und Erfinder. Ihre berufliche Zusammenarbeit mündete in Liebe, und so heirateten sie 1895 – eine glückliche und erfolgreiche Ehe bis zu Pierres Unfalltod 1906. In den späten 1890er-Jahren widmete sich Marie der Untersuchung radioaktiver Uranerze – eine so interessante und vielversprechende Forschung, dass Pierre seine eigenen Untersuchungen aufgab und sich ihr anschloss. Nach jahrelanger anstrengender Arbeit entdeckten die beiden Polonium und Radium, zwei in der Natur sehr seltene radioaktive Elemente.

Marie Curie brachte mit ihren Forschungen das Atomzeitalter mit auf den Weg, doch sie kosteten sie auch das Leben: Sie starb im Alter von 66 Jahren an einer aplastischen Anämie, die darauf zurückging, dass sie während ihrer wissenschaftlichen Karriere über längere Zeit Radioaktivität ausgesetzt gewesen war. Ihr Vermächtnis reicht weit über ihre eigenen wissenschaftlichen Errungenschaften hinaus: Auch ihre ältere Tochter Irène wurde mit dem Nobelpreis für Chemie ausgezeichnet, während die jüngere Tochter Ève, eine Schriftstellerin, Journalistin und politische Beraterin, eine informative Biografie über ihre Mutter verfasste. Und das *Centrum Onkologii – Instytut im. Marii Skłodowskiej-Curie* in Warschau (dessen Vorgänger, das Radium-Institut, Maries Schwester Bronisława als Erste geleitet hatte) gehört zu den von Marie Curie begründeten führenden Forschungszentren zur Untersuchung der wissenschaftlichen und medizinischen Nutzung ihrer Entdeckungen.

QUANTEN-UNSCHÄRFE

30-Sekunden-Explosion

Dass alles im Universum einer Unschärfe unterliegt, entdeckten Forscher, als ihnen klar wurde, dass sich Licht sowohl als Welle als auch als Teilchen beschreiben lässt. Dieser Welle-Teilchen-Dualismus besteht darin, dass sich Licht im Vakuum des Weltraums wie eine Welle verhält, die über den Ozean wandert, bei Wechselwirkung mit Materie dagegen wie das als Photon bekannte Teilchen. Licht lässt sich somit als »Wahrscheinlichkeitswelle« darstellen, die angibt, mit welcher Wahrscheinlichkeit ein Photon an einem bestimmten Ort nachweisbar ist. Dies impliziert seinerseits, dass wir Position und Geschwindigkeit eines Photons nicht beide zur selben Zeit mit beliebiger Genauigkeit messen können – eine Einschränkung, die wir als Heisenberg'sche Unschärferelation kennen. Schließlich stellten die Physiker fest, dass man neben den Photonen auch alle anderen subatomaren Teilchen sowohl als Teilchen als auch als Wahrscheinlichkeitswellen beschreiben kann. Diese doppelte Welle-Teilchen-Natur in Bezug auf alle Größenordnungen beschreibt die Quantenphysik, wobei die Unschärferelation für das Verhalten von Materie und Energie auf atomarer oder subatomarer Ebene gilt. Zum Beispiel gehorchen sämtliche Bestandteile eines Atoms den Gesetzen der Quantenphysik, sodass wir wissen, dass wir nur die Wahrscheinlichkeit bestimmen können, mit der sich ein Teilchen an einem bestimmten Ort befindet, und auch, dass Atome »unscharfe« Oberflächen aufweisen.

3-SEKUNDEN-BLITZ

Auch wenn die Quantenphysik eine inhärente Unschärfe beinhaltet, hat sich diese grundlegende Theorie bei der Beschreibung der Wechselwirkungen und Energie atomarer und subatomarer Teilchen bewährt.

3-MINUTEN-AUSDEHNUNG

Wenn Licht auf eine Metalloberfläche fällt, kommt es manchmal zur Freisetzung von Elektronen aus den Metallatomen. Die Energie der emittierten Elektronen hängt von der Frequenz des Lichts ab, nicht aber von dessen Intensität. Diese Beobachtung führte Albert Einstein zur Entdeckung, dass Lichtenergie nur in diskreten, von der Frequenz abhängigen Werten transportiert wird – ein fundamentaler Grundsatz der Quantenphysik.

VERWANDTES THEMA

DAS STANDARDMODELL
Seite 60

3-SEKUNDEN-BIOGRAFIEN

MAX PLANCK
1858–1947
Deutscher theoretischer Physiker, der die von ihm beobachtete diskrete Energie beschrieb und für seine Forschung 1918 den Nobelpreis für Physik erhielt

LOUIS DE BROGLIE
1892–1987
Französischer Physiker und Nobelpreisträger, der die doppelte Welle-Teilchen-Natur aller Teilchen entdeckte

WERNER HEISENBERG
1901–1976
Deutscher Physiker und Pionier der Quantenphysik, der die nach ihm benannte Unschärferelation formulierte

In sehr kleinen Größenordnungen ist alles unscharf und kann zugleich als Welle und Teilchen beschrieben werden.

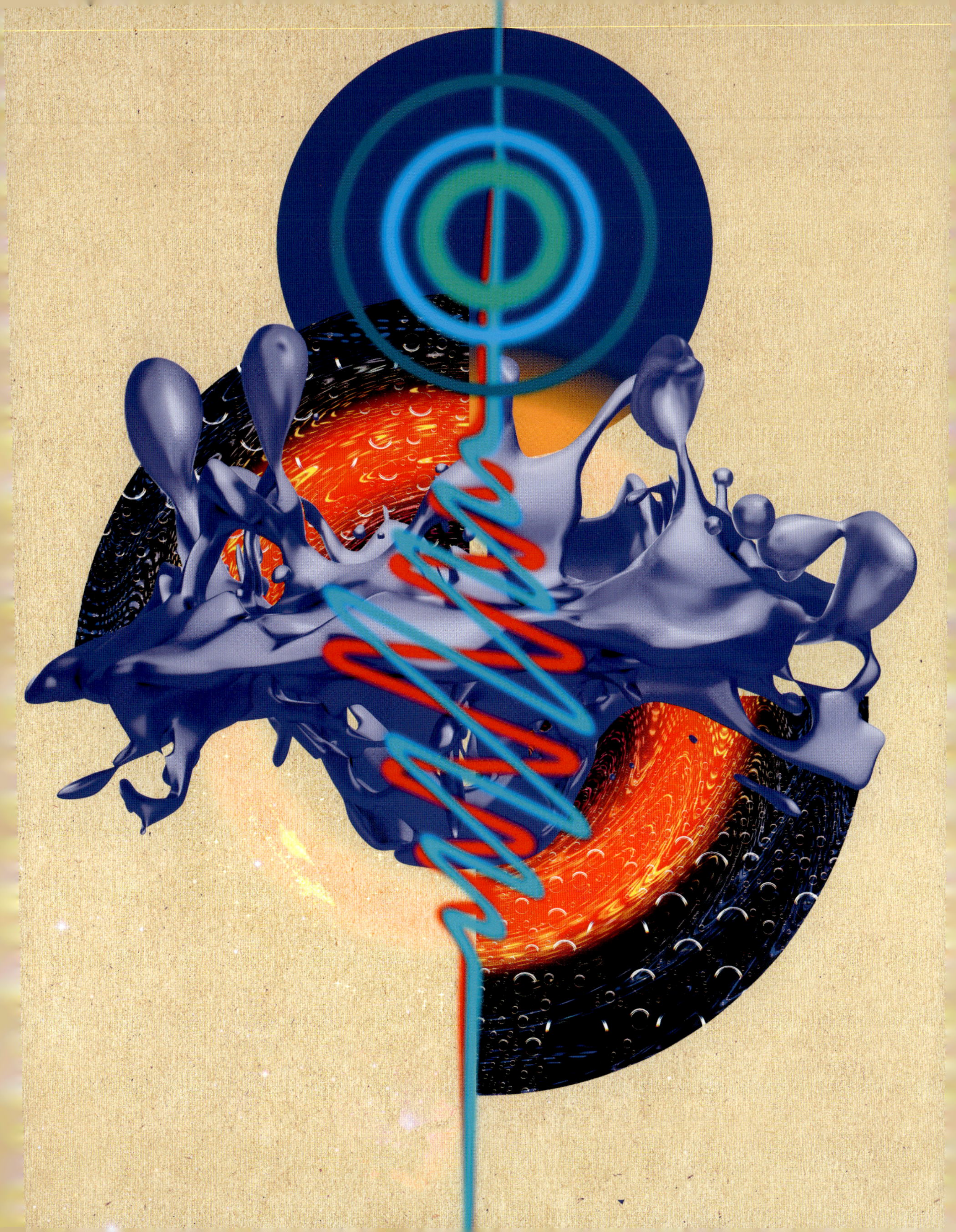

DAS STANDARDMODELL

30-Sekunden-Explosion

3-SEKUNDEN-BLITZ
Das Standardmodell der Elementarteilchenphysik erklärt, wie sich Elementarteilchen zu größeren Teilchen verbinden, sowie drei von vier fundamentalen Wechselwirkungen: elektromagnetisch, schwach und stark.

3-MINUTEN-AUSDEHNUNG
Zu jedem Teilchen existiert im Standardmodell ein Antiteilchen, das in Bezug auf seine Masse und die meisten anderen Eigenschaften mit diesem identisch ist, aber die entgegengesetzte elektrische Ladung trägt. Quarks können nicht allein existieren und verbinden sich entweder mit einem Antiquark zu einem Meson oder mit zwei weiteren Quarks zu einem Baryon. Die bei Weitem häufigsten Baryonen im Universum sind Protonen und Neutronen.

Schon seit uralten Zeiten versuchen wir Menschen die Bausteine der Materie zu identifizieren. Die alten Griechen vertraten die Ansicht, alle sichtbare Materie bestehe aus den vier Grundelementen Feuer, Wasser, Erde und Luft. Ähnliche Modelle existierten in der Antike auch anderswo und hielten sich in Europa bis in die frühe Neuzeit. Demokrit führte um 400 v. Chr. das »Atom« als kleinsten unteilbaren Bestandteil aller Materie ein. Der Begriff wurde später wiederaufgenommen, aber wir wissen heute, dass die Atome nicht unteilbar sind, sondern aus einem Kern aus Protonen und Neutronen sowie diesen »umschwirrende« Elektronen bestehen. Man kann sich das als diffuse Wolke vorstellen, die veranschaulicht, dass sich ein Elektron nach den Gesetzen der Quantenphysik mit bestimmter Wahrscheinlichkeit an einem bestimmten Ort befindet. Protonen und Neutronen bestehen ihrerseits aus je drei unteilbaren Teilchen: den Quarks. Davon gibt es sechs Arten: Up, Down, Strange, Charm, Bottom und Top. Die offenbar unteilbaren Elektronen bilden zusammen mit den Myonen, Taus und Neutrinos die Familie der Leptonen. Diese Teilchen wechselwirken untereinander und mit weiteren Elementarteilchen: Photonen, Gluonen sowie W-, Z- und Higgs-Bosonen. Wenn Quarks zusammenkommen, tauschen sie Gluonen aus – so als würden die Quarks Ballfangen spielen.

VERWANDTE THEMEN
MATERIE & ANTIMATERIE
Seite 28

DAS HIGGS-BOSON
Seite 62

BOSONEN ALS VERMITTLER DER GRUNDKRÄFTE
Seite 64

NEUTRINOS
Seite 68

3-SEKUNDEN-BIOGRAFIEN

DEMOKRIT
um 460–370 v. Chr.
Griechischer Philosoph, der die Atome als Bausteine der Materie einführte

JOSEPH JOHN THOMSON
1856–1940
Britischer Physiker, der mit dem Elektron das erste Lepton entdeckte

MURRAY GELL-MANN
1929–2019
Amerikanischer Physiker, der die Existenz von Quarks postulierte

Quarks, Leptonen und Austauschteilchen sind grundlegende Bestandteile des Standardmodells.

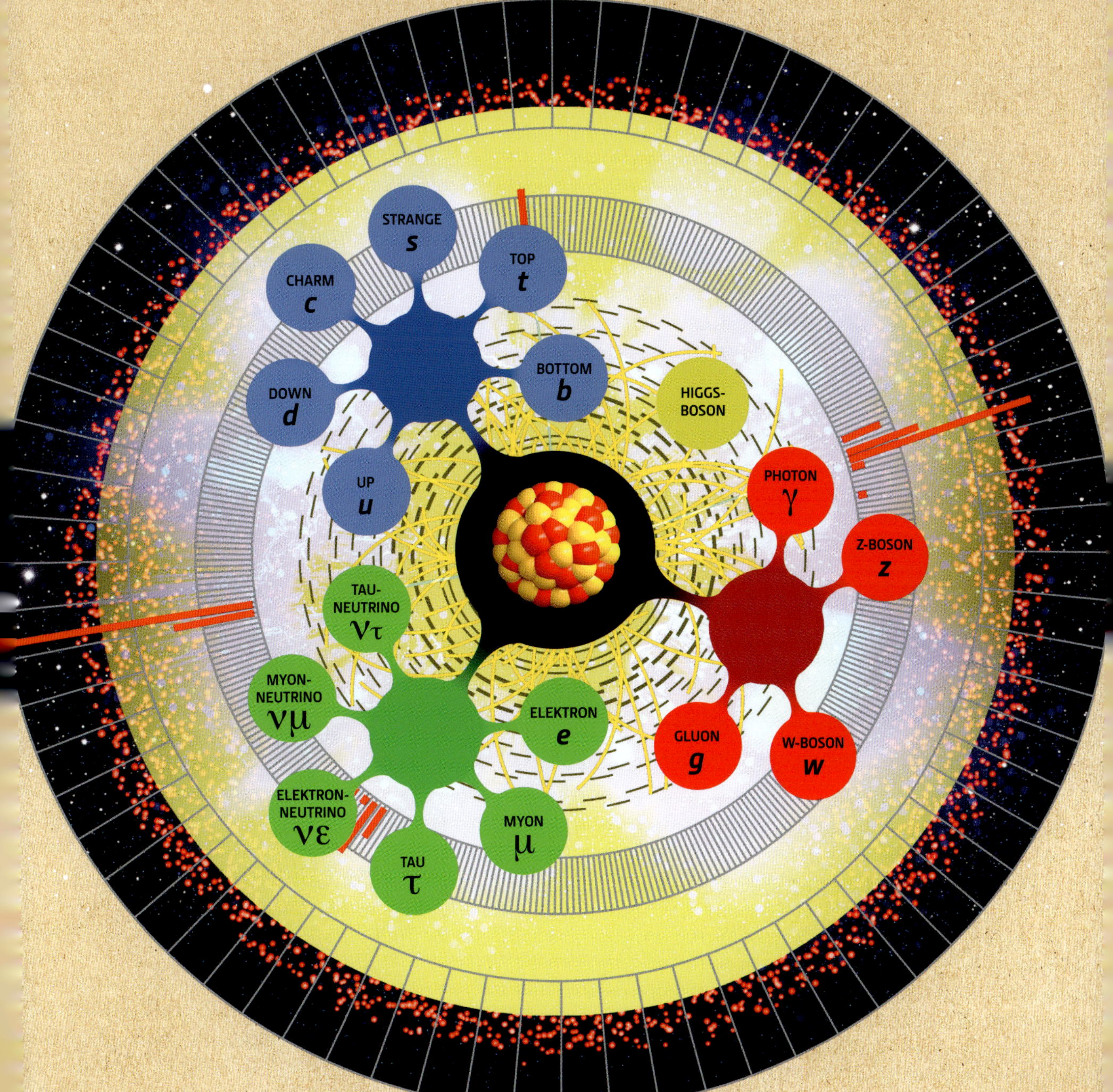
STRANGE
s
CHARM
c
TOP
t
BOTTOM
b
DOWN
d
HIGGS-
BOSON
UP
u
PHOTON
γ
Z-BOSON
z
TAU-
NEUTRINO
ντ
MYON-
NEUTRINO
νμ
ELEKTRON
e
GLUON
g
W-BOSON
w
ELEKTRON-
NEUTRINO
νε
MYON
μ
TAU
τ

DAS HIGGS-BOSON

30-Sekunden-Explosion

3-SEKUNDEN-BLITZ
Nachdem die Existenz dieses Elementarteilchens vorausgesagt worden war, verging bis zur Entdeckung des Higgs-Bosons am *Large Hadron Collider* (LHC) des CERN beinahe ein halbes Jahrhundert.

3-MINUTEN-AUSDEHNUNG
Der LHC (deutsche Bezeichnung: Großer Hadronen-Speicherring) ist in der Lage, Protonen und schwere Ionen beinahe auf Lichtgeschwindigkeit zu beschleunigen, bevor er sie aufeinanderprallen lässt. Bei solchen hochenergetischen Kollisionen kann das Higgs-Boson entstehen und dessen Zerfall beobachtet werden. Es ist sehr selten, äußerst schwer und zerfällt blitzschnell in andere Teilchen. Etwa eine Billion Proton-Proton-Kollisionen sind erforderlich, um ein Higgs-Boson zu erzeugen.

Masse ist eine inhärente Eigenschaft von allem, was wir um uns herum sehen können. Aber weshalb sind einige Teilchen wie Photonen masselos, während andere Masse besitzen? Die Antwort ist in der Wechselwirkung dieser Teilchen mit ihrer Umgebung zu suchen, die sich als überall im Universum existierendes Energiefeld beschreiben lässt. Und dieses nach dem britischen Physiker Peter Higgs benannte Higgs-Feld kann das Higgs-Boson erzeugen, ein Elementarteilchen, dessen Existenz schon zu Beginn der Sechzigerjahre postuliert worden war. Erst kürzlich jedoch gelang sein Nachweis mithilfe der beiden Teilchendetektoren ATLAS und CMS am *Large Hadron Collider* (LHC), einem gewaltigen Teilchenbeschleuniger am Europäischen Kernforschungszentrum CERN bei Genf, die in erster Linie für die Suche nach dem Higgs-Boson gebaut worden waren. Nicht das Higgs-Boson entscheidet über die Masse der Elementarteilchen, sondern die Stärke der Wechselwirkung der Teilchen mit dem Higgs-Feld: je schwächer die Wechselwirkung, desto kleiner die Masse, und je stärker die Wechselwirkung, desto größer die Masse. Dagegen stammt bei Hadronen (zusammengesetzten subatomaren Teilchen) wie Protonen oder Neutronen, die aus Quarks bestehen, die Masse überwiegend aus Quark-Gluon-Wechselwirkungen und nicht aus Wechselwirkungen mit dem Higgs-Feld.

VERWANDTE THEMEN
DAS STANDARDMODEL
Seite 60

BOSONEN ALS VERMITTLER DER GRUNDKRÄFTE
Seite 64

NEUTRINOS
Seite 68

3-SEKUNDEN-BIOGRAFIEN
PETER HIGGS
geb. 1929

FRANÇOIS ENGLERT
geb. 1932

Britischer theoretischer Physiker, nach dem das von ihm postulierte Higgs-Feld und das Higgs-Boson benannt sind und der für die Entwicklung des Higgs-Mechanismus zusammen mit dem belgischen Physiker Englert mit dem Nobelpreis ausgezeichnet wurde

Das Higgs-Feld erzeugt die große Masse der »nackten« Quarks und anderer Elementarteilchen.

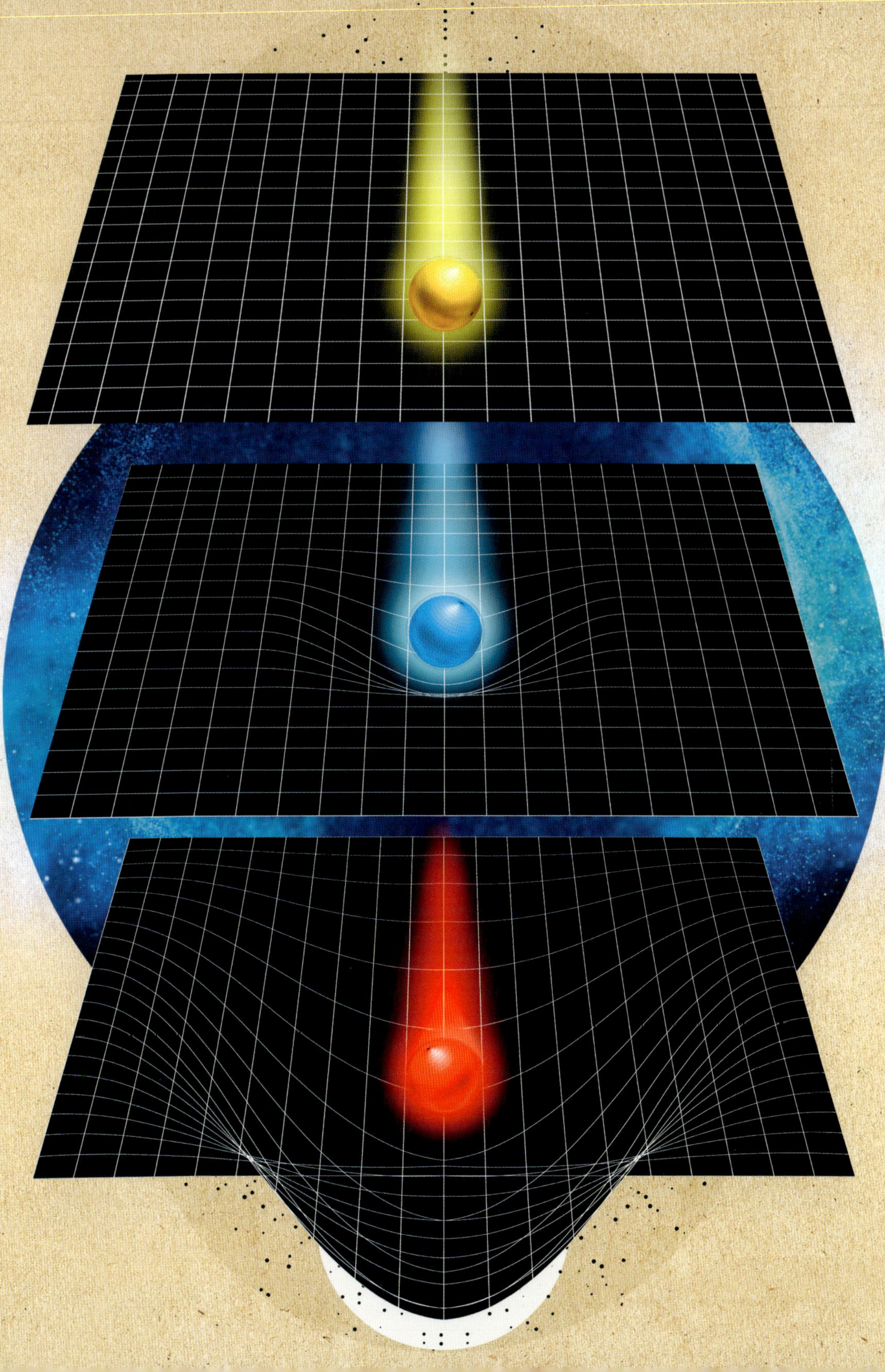

BOSONEN ALS VERMITTLER DER GRUNDKRÄFTE

30-Sekunden-Explosion

3-SEKUNDEN-BLITZ
Zu den Bosonen, den Vermittlern der fundamentalen Wechselwirkungen, gehören neben W- und Z-Boson auch Gluon, Photon und das hypothetische Graviton.

3-MINUTEN-AUSDEHNUNG
Analog zum Licht, das man als Strom aus Teilchen (Photonen) oder elektromagnetische Welle beschreiben kann, wird den Gravitationswellen als hypothetische Teilchenform das Graviton zugeordnet. Die erst kürzlich entdeckten Gravitationswellen, auf deren Existenz schon Einstein im Rahmen seiner allgemeinen Relativitätstheorie schloss, entstehen, wenn Massen das Gewebe der Raumzeit – Raum und Zeit sind nach Einstein untrennbar – stören; so wie eine Hängematte gestreckt wird, wenn sich jemand hineinlegt. Diese Wellen stauchen und strecken vorübergehend Abstände und Zeit.

Wenn wir etwas zusammendrücken oder auseinanderziehen, üben wir damit eine Kraft aus. Als Vermittlung der Kräfte bezeichnet man die Art und Weise, wie dieser Druck oder Zug von einem Körper auf einen anderen übertragen wird. Fünf Bosonen vermitteln die vier fundamentalen Wechselwirkungen (Grundkräfte) der Natur: Gluonen die starke, Photonen die elektromagnetische, W- und Z-Bosonen die schwache Wechselwirkung, Gravitonen die Gravitation. Mit Ausnahme des bisher hypothetischen Gravitons haben Wissenschaftler alle Bosonen bei Experimenten entdeckt, bei denen sie in einem Teilchenbeschleuniger Elektronen, Protonen und deren Antiteilchen bei annähernder Lichtgeschwindigkeit kollidieren ließen. Gluonen »kleben« Quarks zusammen, sodass Protonen und Neutronen entstehen, die zu den Bausteinen der Atome gehören – ohne Gluonen gäbe es keine Atomkerne, denn Protonen stoßen sich aufgrund ihrer (positiven) elektrischen Ladung gegenseitig ab. Die Photonen (Lichtteilchen) vermitteln die elektromagnetische Wechselwirkung, während die positiv oder negativ geladenen W-Bosonen zusammen mit den neutral geladenen Z-Bosonen für die schwache Wechselwirkung verantwortlich sind, die bei radioaktiven Zerfällen und der Produktion von Neutrinos eine Rolle spielt.

VERWANDTE THEMEN

ALLGEMEINE RELATIVITÄT
Seite 40

QUANTENUNSCHÄRFE
Seite 58

DAS STANDARDMODELL
Seite 60

DAS HIGGS-BOSON
Seite 62

NEUTRINOS
Seite 68

UNBEKANNTES UNIVERSUM
Seite 150

3-SEKUNDEN-BIOGRAFIEN
SIMON VAN DER MEER
1925–2011

CARLO RUBBIA
geb. 1934

Niederländischer und italienischer Experimentalphysiker, die für die Entdeckung der W- und Z-Bosonen mit dem Nobelpreis ausgezeichnet wurden

Photonen, Gluonen sowie Z- und W-Bosonen lassen sich in Teilchenbeschleunigern erzeugen und mithilfe von Detektoren nachweisen.

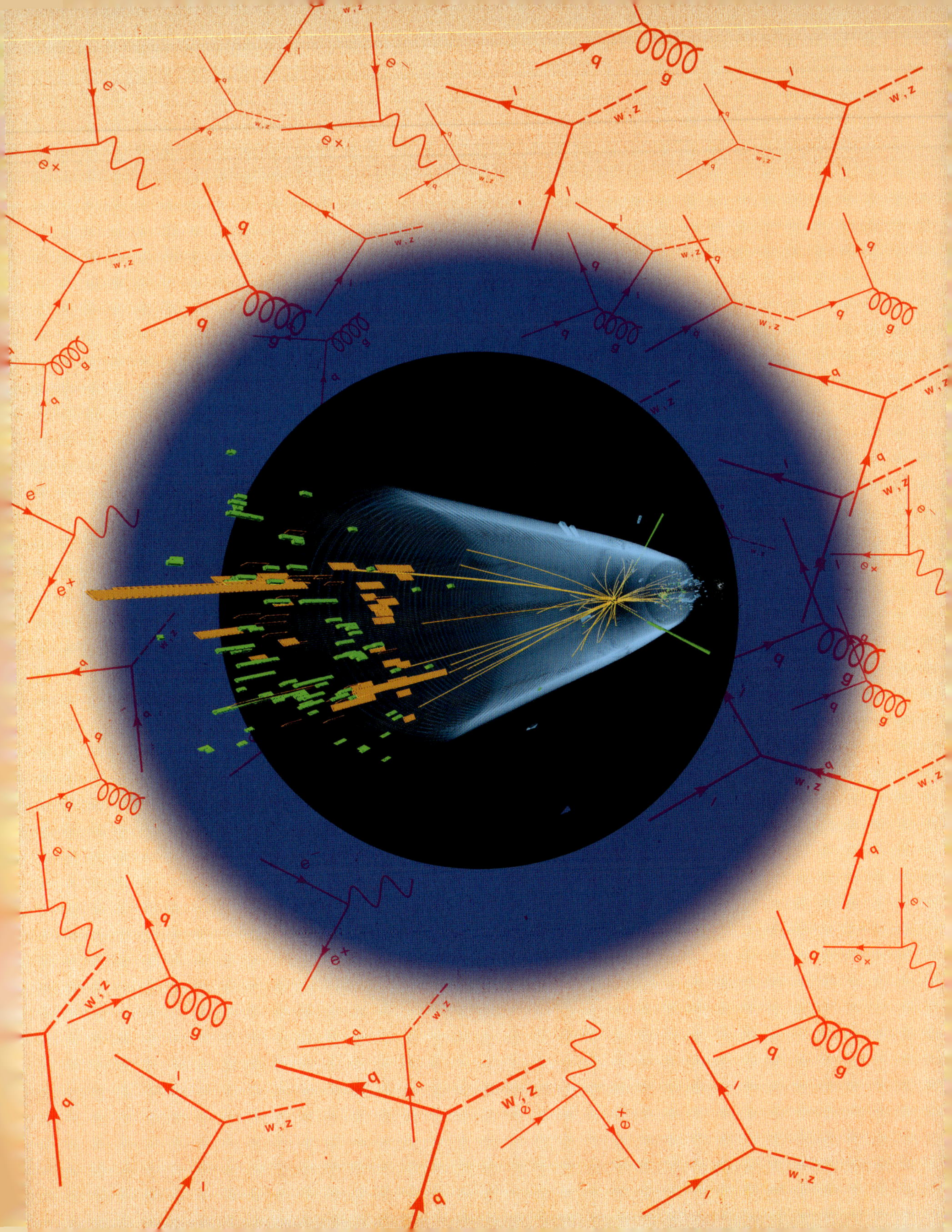

FEHLENDE MASSE

30-Sekunden-Explosion

3-SEKUNDEN-BLITZ
Die Masse der normalen, messbaren Masse im Universum entsteht zum großen Teil durch Wechselwirkungen zwischen Quarks und Gluonen.

3-MINUTEN-AUSDEHNUNG
Eine Millionstelsekunde nach dem Urknall bestand das Universum noch aus einer extrem heißen »Suppe« aus Quarks und Gluonen. In diesem sogenannten Quark-Gluon-Plasma verhielten sich die Quarks so, als wären sie frei, das heißt an kein anderes Teilchen gebunden. Diese Art Materie lässt sich in Teilchenbeschleunigern reproduzieren, indem dort schwere Ionen wie Gold- oder Bleikerne mit sehr hohen Geschwindigkeiten zur Kollision gebracht werden.

Man hört nicht selten die Behauptung, das Higgs-Boson sei für die Masse von Teilchen verantwortlich, obwohl die Masse, die die drei Quarks eines Protons durch die Wechselwirkung mit Higgs-Bosonen akkumulieren, gerade einmal ein Prozent seiner Gesamtmasse ausmacht. Die fehlenden 99 Prozent entstehen dagegen durch die Interaktion der Quarks mit einem anderen Boson, dem Gluon – die starke Wechselwirkung, die auch für den Zusammenhalt der Atomkerne verantwortlich ist. Es mag befremdlich wirken, dass der Löwenanteil der Masse eines Protons von masselosen Gluonen stammt, doch an dieser Stelle sei Einsteins berühmte Gleichung $E = mc^2$ (Energie gleich Masse multipliziert mit der Lichtgeschwindigkeit im Quadrat) in Erinnerung gerufen – die fehlende Protonenmasse liegt in Form von Energie vor. Auch dass Quarks nicht isoliert vorkommen (keine freien Quarks), wird der starken Wechselwirkung zugeschrieben. Jeweils drei Quarks bilden »eingesperrt« (*confined*) Protonen oder Neutronen (Baryonen). Bei hochenergetischen Kollisionen von Elektronen, Protonen oder schweren Kernen in Teilchenbeschleunigern entstehen in großen Mengen Mesonen (Quark-Antiquark-Paare). Wenn man ein Quark von seinem/seinen Partner/n zu trennen versucht, erzeugt die für diese Trennung aufgewendete Energie ein Quark-Antiquark-Paar, das aus dem Vakuum auftaucht.

VERWANDTE THEMEN
DIE KRÄFTE ERWACHEN
Seite 24

MATERIE & ANTIMATERIE
Seite 28

DAS STANDARDMODELL
Seite 60

DAS HIGGS-BOSON
Seite 62

BOSONEN ALS VERMITTLER DER GRUNDKRÄFTE
SEITE 64

3-SEKUNDEN-BIOGRAFIEN
EUGENE PAUL WIGNER
1902–1995
Ungarisch-amerikanischer Physiker, der die Existenz der starken Wechselwirkung postulierte, die den Kern zusammenhält

TSUNG-DAO LEE
geb. 1926
Chinesisch-amerikanischer theoretischer Physiker, der vorschlug, dass sich ein neuartiger Materiezustand mit frei beweglichen Quarks und Gluonen durch hochenergetische Kollisionen schwerer Ionen erzeugen lässt

Die Masse der Materie um uns herum geht größtenteils auf Wechselwirkungen von Gluonen und Quarks zurück.

NEUTRINOS

30-Sekunden-Explosion

1930 postulierte der Physiker Wolfgang Pauli in einem offenen Brief an seine Kollegen die Existenz eines winzigen, elektrisch neutralen Teilchens, das die Energiebilanz des radioaktiven Betazerfalls ausgleichen könnte. Das zwei Jahre später vom britischen Physiker John Chadwick entdeckte Neutron konnte es aufgrund seiner zu großen Masse nicht sein, aber der italienische Physiker Enrico Fermi taufte das noch nicht entdeckte »kleine neutrale Teilchen« entsprechend auf den Namen »Neutrino«. Die Entdeckung der Neutrinos erwies sich als so schwer, dass sie erst 1956 gelang – und auch dann nur indirekt durch die Beobachtung des »inversen Betazerfalls«, bei dem eine spezielle Art von Neutrino mit einem Proton zusammenstößt, um ein Neutron und ein Positron freizusetzen. Heute wissen wir, dass Neutrinos in drei Arten oder Flavours vorkommen: Elektron-, Myon- und Tau-Neutrino. Sie können enorme Entfernungen zurücklegen, ohne mit der Materie in Wechselwirkung zu treten. So passieren jede Sekunde Billionen von Neutrinos, die bei den Kernreaktionen in der Sonne freigesetzt worden sind, ohne Wirkung unsere Körper. Interessanterweise entstehen sie ausnahmslos als Elektron-Neutrinos. Dagegen liegen sie, wenn sie die Erdoberfläche erreichen, bereits als Mischung aus allen drei Flavours vor. Somit können Neutrinos unterwegs von einem Flavour zum anderen wechseln – ein überraschendes Phänomen.

3-SEKUNDEN-BLITZ

Zu den häufigsten subatomaren Teilchen im Universum gehören die Neutrinos ohne elektrische Nettoladung und mit geringer Masse, die in den drei Flavours Elektron-, Myon- und Tau-Neutrino auftreten.

3-MINUTEN-AUSDEHNUNG

Neutrinos sind die leichtesten bekannten subatomaren Teilchen mit Masse – so leicht, dass nur eine Obergrenze für ihre Masse genannt werden kann. Ob die Neutrinos ihre eigenen Antiteilchen sind oder ob die Antineutrinos eine separate Gruppe von Teilchen bilden, bleibt zu klären. Sollte sich herausstellen, dass Neutrinos ihre eigenen Antiteilchen sind, könnte dies Aufschluss über die rätselhafte Asymmetrie zwischen Materie und Antimaterie während der ersten Millisekunden nach dem Urknall geben.

VERWANDTE THEMEN

MATERIE & ANTIMATERIE
Seite 28

DAS STANDARDMODELL
Seite 60

FEHLENDE MASSE
Seite 66

3-SEKUNDEN-BIOGRAFIEN

WOLFGANG PAULI
1900–1958
Österreichisch-schweizerisch-amerikanischer theoretischer Physiker und Nobelpreisträger

ETTORE MAJORANA
1906–1938 (verschollen)
Italienischer theoretischer Physiker, der postulierte, dass Neutrinos eine Masse besitzen und dass das Antineutrino und das Neutrino dasselbe Teilchen sind

FREDERICK REINES
1918–1998

CLYDE LORRAIN COWAN
1919–1974
Amerikanische Experimentalphysiker, die 1956 das Neutrino entdeckten; Reines erhielt 1995 dafür den Nobelpreis

Die drei Neutrino-Flavours werden in großen Teilchendetektoren untersucht.

352
370b
370a
370
27
44
352
370b
370a
370

DAS PHYSIKALISCHE UNIVERSUM

DAS PHYSIKALISCHE UNIVERSUM
GLOSSAR

Abstandsgesetz (Entfernungsgesetz) Physikalisches Gesetz, bei dem die Größe oder Intensität mit der Entfernung von der Quelle abnimmt. Unter anderem gehören die Schwerkraft und die Intensität des Lichts hierher.

Baryonen Protonen und Neutronen. Subatomare Teilchen, die aus drei Quarks bestehen. Kosmologen bezeichnen die daraus bestehende Materie im Universum als baryonische oder normale Materie.

Drehimpulserhaltung Der Drehimpuls gibt an, wie stark sich ein Objekt oder eine Gruppe von Objekten dreht. Er ist größer, wenn sich das Objekt schneller oder auf einer größeren Umlaufbahn dreht und bleibt immer erhalten. Die Drehimpulserhaltung erklärt unter anderem, warum Schlittschuhläuferinnen und Schlittschuhläufer sich schneller drehen, wenn sie die Arme einziehen, warum Sterne zu schnell rotierenden Neutronensternen kollabieren, warum sich Sonnensysteme und die meisten Galaxien als Scheibe drehen oder warum Akkretionsscheiben im Universum in den unterschiedlichsten Größenordnungen zu finden sind.

Dunkle Energie Hypothetische Form der Energie im Universum in Verbindung mit einem Vakuum, mit der sich die beobachtete beschleunigte Expansion des Universums erklären lässt. Ihre Natur ist unbekannt, aber die festgestellten Beschränkungen legen nahe, dass sie in Bezug auf Raum und Zeit konstant ist (»kosmologische Konstante«).

Dunkle Materie Postulierte Form der Materie, auf die man aus ihrer Gravitationswirkung schließt, die aber kein Licht erzeugt. Sowohl Galaxien als auch Galaxienhaufen müssen große Mengen Dunkler Materie enthalten. Aus Beobachtungen des frühen Universums ist bekannt, dass es sich dabei größtenteils nicht um baryonische (normale) Materie handeln kann. Dunkle Materie sollte nicht mit Dunkler Energie – einer ganz anderen Erscheinung – verwechselt werden.

Exoplanet (extrasolarer Planet) Planet, der einen anderen Stern als die Sonne umkreist. Beobachtungen der letzten Jahre legen nahe, dass dies bei fast allen Sternen der Fall ist.

Gravitationslinse Gemäß Einsteins Gravitationstheorie wird in der Nähe von massereichen Objekten auch das Licht gebeugt. Eine Gravitationslinse ist ein Objekt von so großer Masse, dass es das Licht von dahinterliegenden Objekten merklich krümmt und deren Abbild zu einem Bogen (Kreisabschnitt), manchmal auch zu einem ganzen Kreis verzerrt.

Metall Im Unterschied zur Chemie werden in der Astronomie alle Elemente außer Wasserstoff und Helium als Metalle bezeichnet.

Protostern Klumpen aus interstellarem Material, der beinahe dicht und heiß genug ist, um zum Stern zu werden. Einen Protostern umgibt eine protoplanetare Scheibe, in der sich nicht nur die Planeten herausbilden werden, sondern die auch mit Materie zum Heranwachsen des Protosterns zum vollwertigen Stern beiträgt.

Quasar Im sichtbaren Bereich punktförmig erscheinende Lichtquelle, die von der Akkretionsscheibe um ein sehr massereiches Schwarzes Loch in einer weit entfernten Galaxie geschaffen wird. Bewegt sich Materie spiralförmig in ein Schwarzes Loch, entsteht daraus eine donutförmige Akkretionsscheibe, die sich infolge der Reibung zwischen den Teilchen sehr stark erhitzt und in der Folge eine enorme Menge Licht abstrahlt. Da der Quasar so weit entfernt ist, sieht man nur einen Punkt und die nicht selten zu dunkle Wirtsgalaxie dagegen gar nicht.

Röntgendoppelstern Doppelsternsystem, in dem Materie von einem mehr oder weniger normalen Stern zu einem Begleiter fließt, bei dem es sich um einen Neutronenstern, ein Schwarzes Loch oder einen Weißen Zwerg handeln kann. Aufgrund der Drehimpulserhaltung entsteht hierbei eine Akkretionsscheibe um das kompakte Objekt, die extrem heiß wird und Röntgenstrahlung freisetzt.

Stellarer Kern Innerstes eines Sterns, wo extreme Temperaturen und Drücke eine Kernfusion in Gang setzen, die mit ihrer Energie den Stern am Leben hält und schwere Elemente erzeugt, die eines Tages zu Planeten werden könnten.

Zwergplanet Pluto und andere Zwergplaneten kreisen zwar um die Sonne und haben annähernd die Form einer Kugel, sind aber im Gegensatz zu den »vollwertigen« Planeten nicht groß genug, um ihre Bahn von Objekten ähnlicher Größe wie sie selbst zu befreien.

um 355
Geburt in Alexandria. Die Schätzung geht darauf zurück, dass sie zum Zeitpunkt ihres Todes als »alte Frau«, vermutlich etwa sechzigjährig, beschrieben wurde

391
Zerstörung heidnischer Tempel auf Anordnung des christlichen Patriarchen von Alexandrien

395
Teilung des Römischen Reiches in zwei Teile; Alexandria fällt an das Oströmische oder Byzantinische Reich

400
Ernennung zur Vorsteherin der neuplatonischen Schule in Alexandria

402
Erster von mehreren Briefen des Synesios von Kyrene (410 Wahl zum Bischof von Ptolemais) an Hypatia, in denen er sie als große Intellektuelle und Lehrerin bewundert und verehrt; er bittet sie um Rat bei der Konstruktion wissenschaftlicher Instrumente

412
Amtsantritt von Kyrill als Patriarch von Alexandrien. Hypatia ist mit seinem Gegenspieler Orestes, dem römischen Präfekten von Alexandria, befreundet; die politischen Spannungen nehmen zu

415
Ermordung durch christlichen Mob

HYPATIA VON ALEXANDRIA

Hypatia kam nach der Mitte des vierten nachchristlichen Jahrhunderts im ägyptischen Alexandria, damals Teil des Römischen Reiches, zur Welt. Sie war die erste historisch belegte Mathematikerin, Philosophin und Astronomin. An der Seite ihres Vaters Theon, von dem außer seiner Tätigkeit als Astronom und Mathematiker kaum etwas mit Sicherheit bekannt ist, gilt sie als Autorin von Kommentaren und redaktionellen Bearbeitungen berühmter Werke antiker griechischer Gelehrter wie Ptolemaios, Diophantos oder Euklid. Zwar bleibt auch weiterhin umstritten, wer von den beiden wie viel zu diesen Werken beitrug, aber meist wird Theon mehr Anerkennung zuteil. Nach Aufzeichnungen sagte er Finsternisse zu einer Zeit vorher, in der Hypatia noch ein kleines Kind gewesen sein dürfte, und genoss großes Ansehen als Lehrer.

Hypatia muss eine für ihre Zeit außergewöhnliche Frau gewesen sein. Sie blieb unverheiratet, leitete eine der größten Philosophieschulen in Alexandria, die der Neuplatoniker, und galt in der Stadt als einflussreiche Persönlichkeit. Zeitgenössische Berichte beschreiben sie als große Intellektuelle und Lehrerin, und sie genoss einen ausgezeichneten Ruf als Wissenschaftlerin weit über Alexandria hinaus. Offensichtlich beschäftigte sie sich mit dem Bau astronomischer Instrumente wie Astrolabien zum Bestimmen der Zeit anhand der Sternpositionen. In einigen Quellen wird ihr auch (fälschlicherweise) deren Erfindung zugeschrieben. Schließlich zogen christliche Fanatiker sie nackt aus, brachten sie in eine Kirche, wo sie ermordet und ihre Leiche verstümmelt wurde. Ihr gewaltsamer Tod wird oft mit dem Zorn auf sie als weibliche Intellektuelle oder mit der Tatsache in Zusammenhang gebracht, dass sie eine Heidin und Neoplatonikerin war, könnte aber durchaus auch mit ihrem politischen Engagement zu tun gehabt haben.

Im Laufe der Jahrhunderte wurde sie auf vielerlei Weise dargestellt: als jungfräuliche Märtyrerin im Mittelalter, als tragische Intellektuelle im 19. Jahrhundert oder auch – wie in neuerer Zeit – als feministische Ikone. Wie auch immer man sich an sie erinnert, sie war in vieler Hinsicht bemerkenswert.

KEPLERS GESETZE

30-Sekunden-Explosion

3-SEKUNDEN-BLITZ
Johannes Kepler entdeckte drei fundamentale Gesetzmäßigkeiten in der Bewegung der Planeten um die Sonne. Sie bilden die Grundlage der Raumflugmechanik und der heutigen Raumfahrt.

3-MINUTEN-AUSDEHNUNG
Das dritte Kepler'sche Gesetz, das er selbst auch als »harmonisches Gesetz« bezeichnete, ergibt sich mathematisch aus dem Zusammenspiel seiner ersten beiden Gesetze. Kepler hat damit Astronomen das grundlegende mathematische Werkzeug an die Hand gegeben, das sie heute zur Messung der Masse jedes beliebigen Himmelsobjekts verwenden – ob Asteroiden, Planeten, Sterne oder Galaxien, mit Durchmessern von einigen Metern bis zu Millionen von Lichtjahren.

In seiner 1609 erschienenen *Astronomia Nova* legte der deutsche Astronom und Mathematiker Johannes Kepler wegweisende Entdeckungen zu den Bewegungen von Himmelskörpern dar. Bei der Analyse seiner über viele Jahre sorgfältig gesammelten Daten stellte er zwei grundlegende Eigenschaften der Planeten fest: Sie kreisen erstens auf elliptischen Bahnen um die Sonne, die sich in einem der Brennpunkte und nicht etwa im Mittelpunkt der Ellipse befindet, und sie bewegen sich zweitens schneller, wenn sie der Sonne näher sind – und zwar so, dass sie auf ihrer Bahn im selben Zeitraum flächengleiche Sektoren der Ellipse überstreichen. Zehn Jahre später veröffentlichte Kepler in seinem Werk *Harmonices Mundi* ein drittes wichtiges mathematische Gesetz zur Planetenbewegung: Die Quadrate der Umlaufzeiten zweier Planeten verhalten sich wie die dritten Potenzen der großen Halbachsen ihrer Bahnen. Diese drei später nach ihrem Entdecker Kepler benannten Gesetze beschreiben die Grundlagen aller Bewegungen im Universum, die durch Gravitation und Rotation verursacht werden. Sein erstes Gesetz gründet beispielsweise auf der Tatsache, dass die Gravitationsbeschleunigung einem quadratischen Abstandsgesetz folgt, während das zweite Gesetz aus der Drehimpulserhaltung folgt, die in jedem sich frei drehenden System auf der Erde und im Universum gilt.

VERWANDTE THEMEN
DIE NEWTON'SCHEN GESETZE
Seite 78

PLANETEN
Seite 88

3-SEKUNDEN-BIOGRAFIEN
TYCHO BRAHE
1546–1601
Dänischer Astronom, der vom römisch-deutschen Kaiser Rudolf II. zum Hofmathematiker nach Prag berufen wurde; er führte die detailliertesten Messungen der Planetenbewegungen seiner Zeit durch

JOHANNES KEPLER
1571–1630
Deutscher Astronom, der auf der Arbeit seines Mentors Brahe aufbaute und sie fortsetzte; er kombinierte astronomische Beobachtungen mit mathematischen Berechnungen, um herauszufinden, in welcher Weise die Planeten die Sonne umkreisen

Orbitalbewegungen von Sternen, Satelliten und Raumstationen gehorchen den nach Kepler benannten mathematischen Gesetzen.

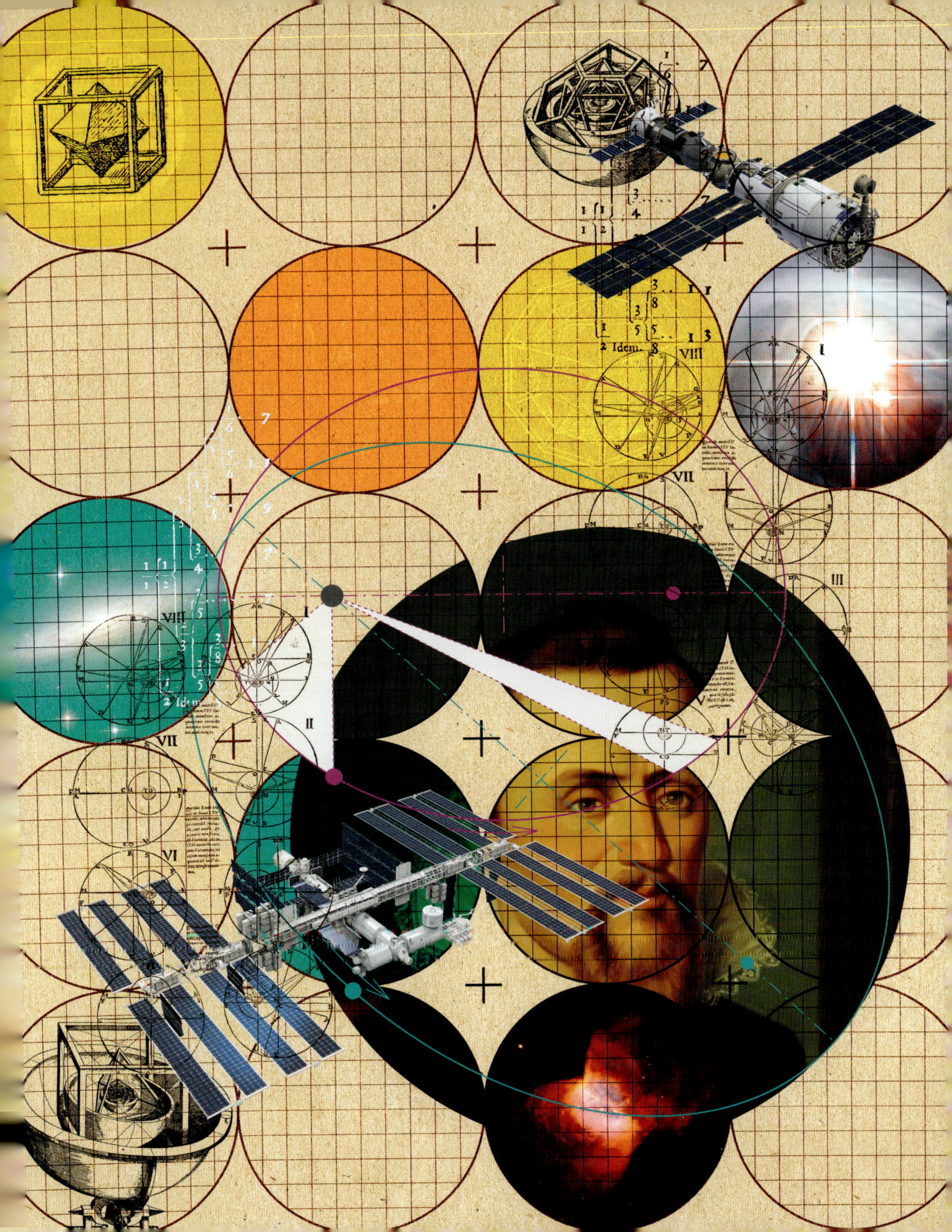

NEWTONS GESETZE

30-Sekunden-Explosion

3-SEKUNDEN-BLITZ
Newtons grundlegende physikalische Gesetze ermöglichen uns, die Bewegung der Planeten im Sonnensystem, der Sterne in der Milchstraße und der Galaxien im Universum zu erklären.

3-MINUTEN-AUSDEHNUNG
Mithilfe von Newtons Gesetzen lässt sich die Masse, die im Universum vorhanden sein muss, um dessen Expansion zu stoppen, mit überraschender Genauigkeit schätzen. Das Newton'sche Gravitationsgesetz begründet außerdem die Existenz von Dunkler Materie in den Galaxien unseres Universums mit. Einsteins Modell der Gravitation wird dagegen nur in großer Nähe zu Objekten mit sehr großer Masse (wie der Sonne), für winzigste Objekte sowie für extreme Entfernungen benötigt.

Newton demonstrierte mit seinen Gesetzen eine für jene Zeit erstaunliche intellektuelle Beweglichkeit, indem er den Fall eines Apfels vom Baum mit dem Umlauf der Planeten um die Sonne in Verbindung brachte. Er kam zu der Einsicht, dass ein einfaches Gravitationsgesetz mit einer Kraft, die proportional zur Masse zu- und proportional zum Quadrat des Abstandes abnimmt, sowohl die von Kepler empirisch gewonnenen Gesetze der Planetenbewegungen als auch den Fall aller Gegenstände zu Boden erklärt. Zusammen mit seiner Beschreibung der Gravitation veröffentlichte Newton außerdem drei Gesetze dazu, wie Objekte auf eine Krafteinwirkung reagieren. Nach dem ersten Newton'schen Gesetz ändern Objekte Geschwindigkeit oder Bewegungsrichtung nur als Folge einer Krafteinwirkung, nach dem zweiten ist die Beschleunigung proportional zur Kraft geteilt durch die Masse, und das dritte besagt, dass Kräfte sich ausgleichen: Eine Aktion hat stets eine gleich große und entgegengesetzte Reaktion zur Folge. Mit diesen scheinbar so einfachen Gesetzen können wir das physikalische Verhalten aller möglichen Objekte verstehen – von Brücken, Hebeln und Rollen bis hin zur Bewegung der Planeten. Generationen von Schülern haben im Physikunterricht Newtons Gesetze behandelt, und mit seinem Gravitationsgesetz lässt sich die Gravitation auch heute noch ausgezeichnet beschreiben – vorausgesetzt, die Masse ist nicht enorm groß oder der Abstand verschwindend klein.

VERWANDTE THEMEN
ALLGEMEINE RELATIVITÄT
Seite 40

MATERIE – HELL & DUNKEL
Seite 48

KEPLERS GESETZE
Seite 76

3-SEKUNDEN-BIOGRAFIE
SIR ISAAC NEWTON
1642–1727
Englischer Physiker und Mathematiker, der in beiden Disziplinen breit gefächert Beiträge zur Lösung von Grundfragen leistete, von denen die Newton'schen Gesetze (Grundgesetze der Bewegung) und das Newton'sche Gravitationsgesetz die bekanntesten sind; eine Zeit lang war er auch in Politik und Wirtschaft aktiv

Die Newton'schen Gesetze verbinden das Herunterfallen von Äpfeln mit der Bewegung der Planeten im All und bilden die Grundlage für unser Verständnis der Bewegung von Objekten durch Kräfte.

SCHWARZE LÖCHER

30-Sekunden-Explosion

3-SEKUNDEN-BLITZ
Als Schwarzes Loch bezeichnet man ein Objekt im All, das mit seiner enormen Gravitation selbst Licht zurückhält und deshalb unsichtbar ist.

3-MINUTEN-AUSDEHNUNG
1783 postulierte der britische Naturphilosoph und Geologe John Michell aufgrund von Berechnungen als Erster die Existenz von »Dunklen Sternen«, deren Gravitation das Licht daran hindern könnte, nach außen zu dringen. Über ein Jahrhundert lang griff niemand seine Idee auf, bis Albert Einstein sie mit seiner allgemeinen Relativitätstheorie 1919 bestätigte. Danach krümmt eine enorm große, auf extrem kleinem Raum konzentrierte Masse die Raumzeit so stark, dass kein Objekt ihr entkommen kann.

Die extrem hohe Gravitation

Schwarzer Löcher ist für zahlreiche wundersame und faszinierende Phänomene im Universum verantwortlich, darunter Röntgendoppelsterne, Gravitationslinsen und Quasare. Entgegen einer weitverbreiteten Ansicht saugen Schwarze Löcher allerdings nicht wie kosmische Staubsauger Materie auf. Auf größere Distanzen hat ihre Anziehung keine stärkere Wirkung als diejenige anderer Objekte mit derselben Masse. Allerdings führt ihre enorme Gravitation dazu, dass die zum Entweichen erforderliche Fluchtgeschwindigkeit an ihrer Oberfläche die Lichtgeschwindigkeit übersteigt. Fällt etwas ins Schwarze Loch, kommt es nie mehr heraus – es sei denn, als winzige Bröckchen subatomarer Materie in ferner Zukunft. Schwarze Löcher können am Ende der Entwicklung von Sternen entstehen, die um ein Vielfaches massereicher sind als unsere Sonne, wenn die Kernfusion in ihrem Inneren erlischt und nicht mehr verhindert, dass ihre Kerne unter dem Eigengewicht kollabieren. Nach ihrer Bildung wachsen Schwarze Löcher fortlaufend, weil Materie in sie hineinfällt, wobei ihr Durchmesser proportional zu ihrer Gesamtmasse zunimmt. Astronomen gehen von Milliarden Schwarzer Löcher im beobachtbaren Universum aus, darunter auch supermassereiche, die seit Jahrmillionen Materie akkretieren und mit ihrer gigantischen Masse im Zentrum der Milchstraße und anderer großer Galaxien lauern.

VERWANDTE THEMEN
ALLGEMEINE RELATIVITÄT
Seite 40

STERNE
Seite 84

3-SEKUNDEN-BIOGRAFIEN

JOHN MICHELL
1724–1793
Britischer Astronom und Begründer der Seismologie, der neben seinen »Dunklen Sternen« auch für die Vermutung bekannt ist, dass Erdbeben durch die Bewegung von Gesteinen unter der Erdoberfläche verursacht werden

JOHN ARCHIBALD WHEELER
1911–2008
Amerikanischer Physiker, der den Begriff »Schwarzes Loch« popularisierte und dessen Forschungen ein breites Spektrum von Gebieten unter Einschluss von Kernphysik, Relativitätstheorie und Gravitation betrafen

Schwarze Löcher sind zwar selbst dunkel, aber oft von Scheiben, Jets und Strömen hell erleuchteter Materie umgeben.

GALAXIEN

30-Sekunden-Explosion

Fast alle Sterne im Universum entstehen, leben und sterben in einer Galaxie. Die zwei wichtigsten Typen sind die scheibenförmige Spiralgalaxie mit regelmäßigen Armen, Ringen und/oder Balken und die elliptische Galaxie, bei der auffällige Strukturen fehlen. Die Sternbildung findet überwiegend in Spiralgalaxien statt, während elliptische Galaxien eher eine Ansammlung von zumeist alten Sternen darstellen. Noch bis in die 1920er-Jahre wurden »Galaxie« und »Universum« im Wesentlichen synonym verwendet – so bezeichnete man Galaxien aufgrund der riesigen Entfernungen dazwischen auch als Inseluniversen. Galaxien sind jedoch keineswegs so isoliert oder statisch, wie es den Anschein erweckt, denn über kosmische Zeiträume hinweg kollidieren viele Galaxien und schließen sich zu riesigen Clustern, Haufen und Superhaufen zusammen. Aufgrund ihrer Interaktion verändern Galaxien im Laufe der Zeit ihre Form. Noch ungeklärt ist die Frage, warum genau einige Galaxien keine Sterne mehr bilden, während andere damit fortfahren, oder wie sich Spiralen in Ellipsen verwandeln. Vermutet wird eine Kombination aus naturgegebenen (die Zahl der Sterne, die Gasmenge und die Art und Weise, wie sich alles im Kreis bewegt) und sich herausbildenden Ursachen (Wirkung der lokalen galaktischen Umgebung sowie Art und Anzahl der Kollisionen im Laufe der Zeit).

3-SEKUNDEN-BLITZ
Eine Galaxie ist eine gewaltige Ansammlung von Sternen, Gas, Staub und Dunkler Materie, die wie eine Insel im Universum schwebt.

3-MINUTEN-AUSDEHNUNG
Unsere Milchstraße, auch Galaxis genannt, gehört zu den Balkenspiralgalaxien – sie hat die Form einer Spirale mit einem Band von hellen Sternen in der Mitte. Die Sternbildungsrate ist in unserer Galaxie relativ niedrig. Unsere nächste Nachbarin, die Andromedagalaxie, eine deutlich größere und ältere Spirale (ohne Balken), bewegt sich auf uns zu. Mit hoher Wahrscheinlichkeit werden Milchstraße und Andromeda in etwa vier Milliarden Jahren verschmelzen.

VERWANDTE THEMEN

MATERIE – HELL & DUNKEL
Seite 48

ZWISCHEN DEN STERNEN
Seite 86

DER TOD DER SONNE
Seite 120

GALAXIENKOLLISIONEN
Seite 122

3-SEKUNDEN-BIOGRAFIEN

HEBER DOUST CURTIS
1872–1942

HARLOW SHAPLEY
1885–1972

Amerikanische Astronomen, die 1920 mit einer öffentlichen Debatte über die Natur von Spiralnebeln Bekanntheit erlangten: Curtis hielt sie für extragalaktisch, während Shapley von einer viel größeren Milchstraße ausging, die diese Nebel beinhaltete. Nach heutigem Kenntnisstand lagen beide teilweise richtig: Shapley mit der Größe der Milchstraße und Curtis mit dem extragalaktischen Charakter der Spiralgalaxien.

Galaxien zeichnen sich durch eine erstaunliche Formen- und Größenvielfalt aus – von der Balkenspirale bis hin zum Sombrero.

STERNE

30-Sekunden-Explosion

3-SEKUNDEN-BLITZ
Sterne sind kosmische Schöpfer: Etwa 200 Milliarden davon erzeugen in einer Galaxie wie der Milchstraße die leichten und die meisten schweren Elemente, die unser Universum ausfüllen.

3-MINUTEN-AUSDEHNUNG
Die Masse eines Sterns entscheidet über beinahe all seine Eigenschaften. Als relativ massearmer Stern glüht unsere Sonne gelb und heiß, verfügt über genügend Wasserstoff für zehn Milliarden Jahre und wird als Weißer Zwerg enden. Ein Stern mit einem Zehntel der Sonnenmasse leuchtet schwach und rot, lebt aber Hunderte von Milliarden Jahren, während ein zehnmal massereicherer Stern weiß und heiß glüht und seinen Wasserstoff so schnell verbrennt, dass er weniger als 100 Millionen Jahre überdauert und als gewaltige Supernova explodiert.

Sterne sind gewaltige Feuerbälle aus extrem heißem Gas. An ihrem Anfang steht eine kalte Gaswolke mit geringer Dichte im interstellaren Raum. Die Gravitation bringt die Wolke zum Kollabieren, sodass sich deren Atome aufheizen. Sobald im Kern des Protosterns die dafür erforderlichen extremen Temperaturen vorherrschen, kommt die Kernfusion in Gang: Ein Stern wird geboren. Da bei der Fusion seiner Wasserstoff- zu Heliumatomen riesige Energiemengen freigesetzt werden, heizt sich der Stern weiter auf und beginnt rot, blau oder sogar weiß zu glühen. Nach kürzerer oder längerer Brenndauer geht jedem Stern der Wasserstoff im Kern aus – die Hauptreihenphase ist zu Ende. Anschließend fusionieren je nach Masse des Sterns gegebenenfalls weitere, schwerere Elemente, und er kontrahiert zu einem Weißen Zwerg oder explodiert als Supernova, die ihrerseits einen Neutronenstern oder ein Schwarzes Loch hinterlässt. Die Sonne wird in einigen Milliarden Jahren zu einem Roten Riesen anschwellen, die inneren Planeten einschließlich der Erde verschlucken, darauf ihre äußeren Schichten verlieren und schließlich einen Weißen Zwerg hinterlassen. Massereichere Sterne finden dagegen ihr Ende in einer heftigen Supernova-Explosion, die schwere Elemente ins Universum freisetzt und so die Bildung von Systemen felsiger Planeten um andere Sterne herum in Gang setzt. Womöglich lösen Supernovae auch den Kollaps neuer Generationen von Gaswolken zu Sternen aus.

VERWANDTE THEMEN
GALAXIEN
Seite 82

ZWISCHEN DEN STERNEN
Seite 86

DER TOD DER SONNE
Seite 120

3-SEKUNDEN-BIOGRAFIEN
ANNIE JUMP CANNON
1863–1941
Amerikanische Astronomin, die das System der Spektralklassen der Sterne überarbeitete und über 300 000 Sterne klassifiziert haben soll

CECILIA PAYNE-GAPOSCHKIN
1900–1979
Britisch-amerikanische Astronomin, die 1925 in einer Doktorarbeit, die mitunter als bahnbrechendste aller Zeiten bezeichnet wird, richtigerweise vorschlug, dass Sterne hauptsächlich aus Wasserstoff und Helium bestehen. Anfangs wurden ihre Erkenntnisse als zu außergewöhnlich abgelehnt, erwiesen sich aber später als vollkommen korrekt.

Die Farbe eines Sterns verrät seine Temperatur: Blaue sind heißer als rote. Die Sonne ist ein gelber Stern mit mittlerer Temperatur.

ZWISCHEN DEN STERNEN

30-Sekunden-Explosion

3-SEKUNDEN-BLITZ
Materie, Strahlung und Magnetfelder zwischen den Sternen einer Galaxie werden als interstellares Medium (ISM) bezeichnet.

3-MINUTEN-AUSDEHNUNG
Das interstellare Medium schenkt uns einige der schönsten astronomischen Anblicke: Farbenfrohe Nebel künden von den unterschiedlichsten chemischen Elementen, die in kosmischen Gaswolken zu finden sind. Das bunte Leuchten wirkt wie ein Weltraum-Feuerwerk – das ist gar nicht so weit hergeholt, denn es beruht auf ähnlichen physikalischen Prozessen wie die schillernden Farben von Feuerwerken: Die Atome in den Gaswolken werden erhitzt und leuchten in der für das jeweilige Element charakteristischen Farbe – zum Beispiel Wasserstoff rot, Sauerstoff blau oder Natrium gelb.

Astronomen beschreiben Galaxien gern als riesige Ansammlungen von Sternen, Gas, Staub und Dunkler Materie im Universum. Gas und Staub zwischen den Sternen werden als interstellare Materie und zusammen mit der dort vorhandenen Strahlung sowie den Magnetfeldern als interstellares Medium bezeichnet, aus dem alle neuen Sterne und Planeten entstehen und in das die alten nach ihrem Tod zurückkehren. Das interstellare Medium besteht größtenteils aus locker wechselwirkenden und weniger dicht als in einem Vakuum auf der Erde verteilten Wasserstoff- und Heliumatomen in riesigen Gaswolken (Nebeln), die schwere Elemente (nach der Definition der Astronomen alle außer Wasserstoff und Helium) nur in Spuren enthalten. Die Gravitation bringt über sehr lange Zeiträume interstellare Materie zusammen – ein Prozess, der bei genügender Dichte an einem bestimmten Ort immer schneller abläuft. Schließlich bildet sich der Kern eines Protosterns heraus, der sich immer mehr erhitzt, manchmal genug, damit eine Kernfusion in Gang kommt. Der Staub in der Wolke sammelt sich an und bildet Klumpen, die sich um den Rand des Protosterns drehen – die Samen seiner Planeten. Nach seinem Tod gibt der Stern seine Materie größtenteils wieder an das interstellare Medium ab, sodass daraus die nächste Generation von Sternen und Planeten entstehen kann.

VERWANDTE THEMEN
MATERIE – HELL & DUNKEL
Seite 48

GALAXIEN
Seite 82

STERNE
Seite 84

PLANETEN
Seite 88

3-SEKUNDEN-BIOGRAFIE
ZOLT LEVAY
geb. 1952
Ungarisch-amerikanischer Astronom, der für die Zusammenstellung vieler der bekanntesten Bilder des interstellaren Mediums verantwortlich ist. Er bereinigte die Rohbilder des Hubble-Weltraumteleskops, fügte Bilder aus verschiedenen Bandbreiten zusammen und wählte die Farbbalance aus, um die Objekte der Wissenschaft zu präsentieren.

Der Weltraum darf als Original-Recycler gelten, denn das Material, aus dem Sterne entstehen, kommt am Ende ihres Lebens wieder dorthin zurück – nicht selten auf für den Beobachter spektakuläre Weise.

PLANETEN

30-Sekunden-Explosion

3-SEKUNDEN-BLITZ

Nur acht Planeten umkreisen die Sonne, doch in anderen Sternensystemen sind schon Tausende andere aufgespürt worden, und unzählige warten noch auf ihre Entdeckung.

3-MINUTEN-AUSDEHNUNG

Nachdem der Pluto über sieben Jahrzehnte Planetenstatus genossen hatte, degradierte die IAU ihn 2006 durch ein Votum zum Zwergplaneten. Diese Neueinstufung schmälerte jedoch in keiner Weise seinen wissenschaftlichen Wert und tat auch seiner Schönheit, wie sie uns die Bilder und Daten der Raumsonde *New Horizons* 2016 deutlich vor Augen hielt, keinen Abbruch. Zu den weiteren Zwergplaneten in unserem Sonnensystem gehören Ceres (der größte Asteroid), Eris, Makemake und Haumea.

Die Menschen verstanden unter »Planeten« bis weit in die Neuzeit diejenigen Himmelsobjekte, die über den Himmel wandern: Sonne, Mond, Merkur, Venus, Mars, Jupiter und Saturn. Sie standen im Gegensatz zu den Sternen, die scheinbar feste Positionen am Nachthimmel einnahmen. In den vergangenen Jahrhunderten hat die wissenschaftliche Definition eines Planeten jedoch aufgrund unseres immer besseren Verständnisses des Universums etliche Male angepasst werden müssen. Heute definiert die Internationale Astronomische Union (IAU) ihn in unserem Sonnensystem als Objekt mit folgenden drei Eigenschaften: Es umkreist in erster Linie die Sonne, weist eine genügend große Masse auf, damit es nur aufgrund seiner eigenen Gravitation eine Kugelform angenommen hat, und es ist das bei Weitem größte Objekt im Bereich seiner Umlaufbahn. Nach diesen Kriterien umkreisen nur Merkur, Venus, Erde, Mars, Jupiter, Saturn, Uranus und Neptun die Sonne als Planeten. Für Objekte in anderen Sternensystemen existiert noch keine Planetendefinition der IAU, obwohl Astronomen seit den 1990er-Jahren Tausende von Planeten entdeckt haben, die andere Sterne umkreisen. Diese Exoplaneten entziehen sich aufgrund ihrer sehr unterschiedlichen Eigenschaften, auch was ihren Orbit betrifft, einer einfachen Klassifizierung. Da die Zahl der bekannten Exoplaneten ständig zunimmt, müssen sich die Astronomen vielleicht bald erneut überlegen, was als Planet gilt und was nicht.

VERWANDTE THEMEN

LEBEN, WIE WIR ES KENNEN
Seite 90

DAS BEOBACHTETE UNIVERSUM
Seite 102

DER TOD DER SONNE
Seite 120

3-SEKUNDEN-BIOGRAFIEN

WILHELM HERSCHEL
1738–1822
Deutsch-britischer Astronom, der 1781 den Uranus und 1800 die Infrarotstrahlung entdeckte

URBAIN LE VERRIER
1811–1877
Französischer Mathematiker, der 1846 die Bahn eines noch unentdeckten Planeten berechnete und damit dem deutschen Astronomen Johann Gottfried Galle und dem deutsch-dänischen Astronomen Heinrich Louis d'Arrest bei der Entdeckung des Neptuns half

CLYDE TOMBAUGH
1906–1997
Amerikanischer Astronom, der 1930 den Pluto entdeckte

Jeder Planet, der um die Sonne und andere Sterne kreist, ist eine einzigartige Welt voller Wunder und Geheimnisse.

LEBEN, WIE WIR ES KENNEN

30-Sekunden-Explosion

Leben, wie wir es kennen? Es gehört zu den Paradoxa unserer Existenz, dass wir zwar wissen, dass wir leben, aber kaum zu definieren vermögen, was das heißt. Auch die Wissenschaft kann nur beschreiben, was Lebensformen *tun* und was sie zum Existieren *benötigen*. Alle Lebewesen auf der Erde kommen offenbar (aus der Nichtexistenz) zur Welt, altern und reproduzieren sich nach Anweisungen, die in ihrem Körper kodiert sind, um schließlich aufzuhören zu leben. Sie scheinen alle flüssiges Wasser, eine kleine Menge anderer Substanzen wie Kohlenstoff und Stickstoff und eine einigermaßen stabile Wärme- oder Energiequelle zu benötigen. Astronomen konzentrieren sich bei ihrer Suche nach außerirdischem Leben auf Orte im Universum, an denen genügend erdähnliche Bedingungen zusammentreffen könnten, um die Voraussetzungen für solches Leben zu erfüllen. Noch vor weniger als drei Jahrzehnten wusste man nicht mit Sicherheit, ob es überhaupt Planeten außerhalb unseres eigenen Sonnensystems gibt, doch heute ist ihre Existenz zu Tausenden bestätigt. Die Frage, ob auf einem dieser Planeten Leben existiert, können wir mithilfe unserer heutigen technischen Hilfsmittel nicht klären, aber vielleicht werden in weiteren drei Jahrzehnten die bekannten außerirdischen Lebensformen so zahlreich sein wie heute die Exoplaneten.

3-SEKUNDEN-BLITZ
Nach bisherigem Wissensstand existieren im Universum nur auf der Erde lebende Organismen, wie wir sie definieren.

3-MINUTEN-AUSDEHNUNG
Am vielversprechendsten dürfte die Suche nach außerirdischem Leben in unserem Sonnensystem auf unserem Nachbarplaneten Mars, den Jupitermonden Europa und Ganymed sowie den Saturnmonden Titan und Enceladus verlaufen. In anderen Planetensystemen suchen Astronomen vor allem auf Planeten nach Leben, die ihre Sterne in der habitablen (bewohnbaren) Zone umkreisen, in der aufgrund der dort vorherrschenden Temperaturen Wasser in flüssiger Form vorliegen könnte. Etwa ein Dutzend solcher Planeten sind schon entdeckt, aber bisher hat man dort noch kein Leben ausgemacht.

VERWANDTE THEMEN

PLANETEN
Seite 88

WARUM SIND WIR HIER?
Seite 106

DAS ENDE DES LEBENS AUF DER ERDE
Seite 116

3-SEKUNDEN-BIOGRAFIEN

JILL CORNELL TARTER
geb. 1944
Amerikanische Astronomin und Pionierin der wissenschaftlichen Suche nach außerirdischem Leben, insbesondere nach Formen, die in einer für Menschen verständlichen Weise denken oder kommunizieren können

CARL SAGAN
1934–1996
Amerikanischer Astronom, der der Suche nach außerirdischen Zivilisationen zu Popularität verhalf und sich für ihre Förderung einsetzte

Wenn Menschen tatsächlich einmal außerirdischen Lebensformen begegnen, würden sie diese dann überhaupt als solche erkennen?

DAS METAPHYSISCHE UNIVERSUM

DAS METAPHYSISCHE UNIVERSUM
GLOSSAR

Deismus Glaube an das Göttliche als letztendlichen Mechanismus für die Erschaffung des Universums.

Erste Ursache (erster Bewegender, *primum movens*) Nach Aristoteles die Triebkraft, die Quelle aller Bewegung im Universum.

Existentialismus Philosophische Strömung, die sich in erster Linie mit der Existenz befasst; charakteristisch für sie ist die Frage nach dem Grund für unsere Existenz, nach dem Sinn des Lebens.

Kopernikanisches Prinzip Die Auffassung, dass Mensch, Erde und auch Milchstraße keine besondere Stellung im Universum einnehmen und wir somit das Universum von einem typischen, durchschnittlichen Ort aus beobachten.

Kosmischer Horizont Maximale Entfernung, aus der das Licht uns seit der Entstehung des Universums hat erreichen können. Weiter entfernte Bereiche des Universums können wir nicht durch Beobachtung erschließen.

Kosmologie Teilgebiet der Astronomie, das in enger Beziehung zur Astrophysik steht und sich mit dem Ursprung und der Entwicklung des Universums als physikalisches System befasst.

Metaphysik Grunddisziplin der Philosophie, die fragt, was existiert. Die »metaphysische Form« ist eine erstmals von Platon vorgebrachte Idee, die in ihrer einfachsten Form eine Eigenschaft existierender Dinge bezeichnet, zum Beispiel rund oder transparent.

Monade Unteilbare Einheit. Im physikalischen Universum könnten ein Elektron oder ein Quark als Monade gelten.

Neuropsychologie Interdisziplinärer Wissenschaftszweig, der sich auf die Funktionsweise des Gehirns konzentriert.

Satz vom zureichenden Grund In der Logik und Philosophie ist der allgemeine Grundsatz, dass jedes Sein oder Erkennen in angemessener Weise auf ein anderes zurückgeführt werden kann und/oder soll.

Theismus Glaube an die Existenz eines oder mehrerer höchster Wesen (Götter).

Unterdeterminiertheit Zustand, in dem nicht genügend Daten vorliegen, um eine begründete Entscheidung für eine von zwei oder mehr möglichen Erklärungen für das Beobachtete zu treffen. So könnte in der Kosmologie die beobachtete beschleunigte Expansion des Universums durch eine unbekannte Energiequelle (Dunkle Energie) verursacht werden oder auf eine notwendige subtile Korrektur der Gravitationsgesetze hindeuten.

22. April 1724
Geboren in Königsberg, wo er beinahe sein ganzes Leben verbrachte

1740
Immatrikulation an der Universität Königsberg mit 16 Jahren, Studium der Philosophie und Naturwissenschaften

1749
Erste Schrift: *Die Gedanken von der wahren Schätzung der lebendigen Kräfte*

1755
Allgemeine Naturgeschichte und Theorie des Himmels

1770
Berufung an die Universität Königsberg zum Professor für Logik und Metaphysik

1781
Kritik der reinen Vernunft

1783
Prolegomena zu einer jeden künftigen Metaphysik, die als Wissenschaft wird auftreten können

1785
Grundlegung zur Metaphysik der Sitten

1788
Kritik der praktischen Vernunft

1790
Kritik der Urteilskraft

12. Februar 1804
Tod in Königsberg; seine letzten Worte lauteten angeblich: »Es ist gut.«

IMMANUEL KANT

Zu Immanuel Kants Lebzeiten setzten sich Naturwissenschaften und Mathematik allmählich als Hauptmethoden durch, mit denen man Erkenntnisse über das Universum gewann. Die Philosophen der damaligen Zeit sahen sich mit immer neuen schwindelerregenden intellektuellen Grenzen konfrontiert. Gibt es etwas, das jenseits des physischen Bereichs existiert? Besteht die Realität nur aus dem, was der Verstand beobachten und begreifen kann, oder gibt es auch eine Realität jenseits des Physischen? Kant wird heute zugeschrieben, dass er dazu beigetragen hat, die intellektuellen Grundlagen der modernen Metaphysik und der Philosophie des Geistes zu schaffen.

Kants Eltern legten als fromme Pietisten bei seiner Erziehung großen Wert auf Latein- und Religionsunterricht, und als Jugendlicher lernte er an der Universität die in ganz Europa zur Blüte gelangten Naturwissenschaften und die Naturphilosophie kennen. Wie viele andere große Denker der Aufklärung beschränkte sich Kant nicht auf die Philosophie, sondern publizierte oft auch zu Themen wie Geschichte, Recht oder Kosmologie – beispielsweise im Alter von 31 Jahren anonym die astronomische Abhandlung *Allgemeine Naturgeschichte und Theorie des Himmels*. Darin brachte Kant zahlreiche Modelle und Schlussfolgerungen zu Planeten, Sternen und Universum vor, die über die damals bekannten grundlegenden physikalischen Prinzipien hinausgingen. Überraschend viele davon stellten sich schließlich als richtig heraus, darunter die Hypothese der Entstehung des Sonnensystems aus einem Nebel, die scheibenförmige Struktur der Milchstraße und die Existenz ferner Galaxien, die nicht Teil der unsrigen sind.

In seinen späteren Jahren veröffentlichte Kant seine wohl einflussreichsten Werke: *Kritik der reinen Vernunft*, *Kritik der praktischen Vernunft* und *Kritik der Urteilskraft* – die womöglich bekannteste Trilogie der Philosophiegeschichte. Diese Werke sind von großem Umfang und in ihrer Argumentation sehr dicht, doch Kant verfasste glücklicherweise auch zwei kürzere Abhandlungen, in denen er seine Ideen zusammenfasste und verdeutlichte: *Prolegomena zu einer jeden künftigen Metaphysik, die als Wissenschaft wird auftreten können* und *Grundlegung zur Metaphysik der Sitten*.

Kants Thesen, die er in seinen Schriften vorbrachte, werden seit über zwei Jahrhunderten analysiert und debattiert. Falls es nicht überhaupt zu vermessen ist, sie in einem einzigen Satz zusammenzufassen, dann vielleicht so: Wir können das zu Erkennende nur zum Teil erkennen, während alles andere uns nur durch die Betrachtung des Schönen indirekt zugänglich ist, was uns wiederum dazu bringt, als freie und moralische Individuen zu handeln.

DAS UNIVERSUM DER ANTIKE

30-Sekunden-Explosion

Wie kam es dazu, dass das Universum – Erde, Himmel oder Sterne – zu existieren begann? Kaum eine der frühen Kulturen stellt sich den Boden unter den Füßen als Teil eines kugelförmigen Planeten vor, der eine kugelförmige Sonne umkreist – von einer scheibenförmigen Milchstraße ganz zu schweigen. Dagegen kennen fast alle Kulturen die Vorstellung, dass das Universum einen Anfang hat, bei dem das Licht aus der Dunkelheit auftaucht – meist als das schöpferische Werk übernatürlicher Elemente oder Wesenheiten. Zur Blütezeit der antiken Zivilisationen in Griechenland, Persien und China existierten bereits ausgefeilte Kosmologien, um die Bewegungen der Sterne und Planeten sowie andere himmlische Phänomene zu erklären. Astronomen und Mathematiker entwarfen geometrische Modelle des Universums, die oft auf den philosophischen Prinzipien von Ordnung, Schönheit und Symmetrie basierten. In der Antike gehörte es jedoch noch zum allgemeinen Konsens, dass die Erde das Zentrum des Kosmos bilde (geozentrisches Modell des Universums). Wenn man bedenkt, dass die Menschen in der Antike die Erde nicht aus einer nicht erdgebundenen Perspektive betrachten konnten, erscheint diese Fehlannahme im Nachhinein als völlig begreiflich und bei der vorliegenden Evidenz vernünftig.

3-SEKUNDEN-BLITZ

In jeder Zivilisation der Menschheitsgeschichte beobachteten wir das Universum, und mit den geeigneten Werkzeugen und naturwissenschaftlichen Methoden haben wir seine Geheimnisse nach und nach entschlüsseln können.

3-MINUTEN-AUSDEHNUNG

Zumindest ein Astronom vertrat in der Antike ein heliozentrisches Modell des Universums, bei dem sich die Erde um die Sonne bewegt und nicht umgekehrt. Aristarchos von Samos (um 310–230 v. Chr.) soll nach späteren Quellen die Reihenfolge der Planeten von der Sonne her richtig abgeleitet haben – und auch, dass hinter dem Wechsel von Tag und Nacht die Erdrotation und nicht die Bewegung der Sonne steht. Bedauerlicherweise ist, soweit bekannt, keine seiner Schriften bis heute erhalten geblieben.

VERWANDTE THEMEN

PLANETEN
Seite 88

HYPOTHESEN ZUM UNIVERSUM
Seite 100

DAS BEOBACHTETE UNIVERSUM
Seite 102

DAS UNERKENNBARE ERKENNEN
Seite 104

3-SEKUNDEN-BIOGRAFIE

CLAUDIUS PTOLEMÄUS
um 100–170 n. Chr.
Verfasser des als *Almagest* bekannten umfangreichen astronomischen Standardwerks der Antike, in dem er das geozentrische Modell des Universums detailliert beschreibt, das in der abendländischen Zivilisation bis ins 16. Jahrhundert vorherrschte

Auch ohne moderne Wissenschaft entwickelten unsere antiken Vorfahren ausgefeilte kosmologische Modelle des Universums.

E4
E3
S
E5
E2
E
E1
E6
J
J1
J2
J3
J4
J5
J6

HYPOTHESEN ZUM UNIVERSUM

30-Sekunden-Explosion

In seiner *Metaphysik* postulierte Aristoteles die Existenz eines »ersten unbewegten Bewegenden«, das alles, also auch die Sterne und Planeten am Himmel in Bewegung setzt. Metaphysiker der Spätrenaissance und der frühen Aufklärung argumentierten – wohl auch unter dem Einfluss der religiösen und gesellschaftlichen Vorstellungen ihrer Zeit –, das Universum hätte ohne Vorhandensein einer gottähnlichen Macht oder eines göttlichen Wesens nie zu existieren begonnen. Somit erbrachten sie zugleich einen Gottesbeweis. Dieses »kosmologische Argument« verzweigte sich in Theismus, der eine weitere aktive Beteiligung des göttlichen Wesens annimmt, und Deismus, der davon ausgeht, dass die Gottheit das Universum in Gang setzte und sich nicht mehr einmischt. Mit dem Aufkommen der naturwissenschaftlichen Forschung wechselte die Kosmologie allmählich von der deduktiven Argumentation, bei der Folgerungen allein aus den logischen Vorgaben geschlossen werden und die daher ohne Verifizierung mithilfe zusätzlicher Daten wahr ist, zur induktiven, deren Hypothesen über die Vorgaben hinausgehen und die daher weiterer Daten bedarf, um auf die eine oder andere Weise bewiesen zu werden. Mit dem Aufkommen der modernen Naturwissenschaft wurde die Metaphysik zur rein intellektuellen Beschäftigung, während das Studium der physikalischen Natur des Universums Vorhersagen, Tests und Messungen beinhaltet.

3-SEKUNDEN-BLITZ
Mit Vernunft und Logik versuchen Philosophen seit Langem zu ergründen, wie das Universum und alles in ihm entstand und warum es weiterexistiert.

3-MINUTEN-AUSDEHNUNG
Eine zentrale Frage der Metaphysik lautet: Existiert etwas Dauerhaftes und Wahrhaftiges, von Zeitablauf und Veränderungen im Universum Unabhängiges? Philosophen haben universellen Wahrheiten Namen wie »Form«, »Monade« oder »Ding an sich« gegeben, ihnen bestimmte Eigenschaften zugeschrieben und Wege vorgeschlagen, wie der Mensch im sich ständig weiterentwickelnden Kosmos durch Gedanken und Handlungen Zugang zu ihnen erhalten könnte. Nur sehr wenige Philosophen aber haben sich in einer Definition der Natur dieser Wahrheiten versucht.

VERWANDTE THEMEN
DAS UNIVERSUM DER ANTIKE
Seite 98

DAS BEOBACHTETE UNIVERSUM
Seite 102

DAS UNERKENNBARE ERKENNEN
Seite 104

3-SEKUNDEN-BIOGRAFIEN
ARISTOTELES
384–322 v. Chr.
Griechischer Denker der Antike und Autor der *Metaphysik*, dem ersten umfassenden Werk zur Entstehung von allem Seienden

GOTTFRIED WILHELM LEIBNIZ
1646–1716
Deutscher Mathematiker, Naturwissenschaftler und Philosoph, der seine metaphysischen Überlegungen auf Prinzipien gründete, von denen der »zureichende Grund« ein tragendes war: Für alle Tatsachen (und Aussagen) müsse es einen zureichenden Grund geben – somit auch dafür, dass unser Universum so und nicht anders ist

Läuft das Universum wie ein Uhrwerk, oder wird es ständig aktiv von einer übernatürlichen Kraft gesteuert?

DAS BEOBACHTETE UNIVERSUM

30-Sekunden-Explosion

Wir Menschen haben, seit es uns gibt, nur dieses eine Universum erlebt – wir existieren darin, es umgibt uns von allen Seiten. Somit können wir es mit keinem anderen vergleichen, um unsere Sicht des Universums zu überprüfen, und uns auch nicht vollkommen vom Universum abschotten, um es von außen zu betrachten. In metaphysischer Hinsicht müssen unsere Vorstellungen vom Universum nicht nur mit unseren Beobachtungen im Einklang stehen, sondern auch die Tatsache berücksichtigen, dass wir nur aufgrund unserer Existenz zur Beobachtung imstande sind; zudem dürfen wir nicht vergessen, dass auch unsere Fähigkeiten und Einschränkungen bei der Interpretation davon, was unsere Beobachtungen über das Universum implizieren, großen Einfluss auf die Ausformulierung unserer Beobachtungen haben. Zu diesem metaphysischen Dilemma tritt des Weiteren erschwerend hinzu, dass wir selbst bei herausragender Qualität unserer astronomischen Beobachtungen das Gesamtbild nie werden sehen können. Der kosmische Horizont, die durch die Lichtgeschwindigkeit und die seit dem Urknall verstrichene Zeit bestimmte Grenze, verschiebt sich immer weiter weg, aber nicht schnell genug, damit wir das gesamte Universum sehen können. Somit gilt alles, was wir über das Universum wissen, mit Sicherheit nur für einen kleinen Teil davon, und wir müssen Annahmen über die Beziehung zwischen den Verhältnissen hier, innerhalb des kosmischen Horizonts, und jenseits davon treffen.

3-SEKUNDEN-BLITZ

Das Universum, wie wir es kennen, stellt aufgrund seiner Einzigartigkeit, Omnipräsenz und Unterdeterminiertheit eine große philosophische Herausforderung dar.

3-MINUTEN-AUSDEHNUNG

Kosmologen ziehen zur Erklärung der Unterdeterminiertheit des Universums auch heute noch zwei jahrhundertealte Grundannahmen heran: das kopernikanische (der Mensch ist nichts Besonderes) und das kosmologische Prinzip (das Weltall ist überall gleich). Das Problem dabei: Diese Prinzipien mögen für die Jetztzeit gelten, doch unsere Kenntnisse der Geschichte des Universums legen den Verdacht nahe, dass unsere Zeit etwas Besonderes ist und sich wesentlich von anderen Epochen seit dem Urknall unterscheidet.

VERWANDTE THEMEN

DAS UNIVERSUM DER ANTIKE
Seite 98

HYPOTHESEN ZUM UNIVERSUM
Seite 100

DAS UNERKENNBARE ERKENNEN
Seite 104

3-SEKUNDEN-BIOGRAFIEN

HERMANN BONDI
1919–2005

THOMAS GOLD
1920–2004

FRED HOYLE
1915–2001

Astrophysiker, die die aus metaphysischer Sicht attraktive Theorie eines statisch, räumlich und zeitlich unveränderlichen Universums (Steady-State-Theorie) entwickelten, die sich jedoch als problematisch herausstellte

Wir Menschen werden das Universum – ob zu unserem Vorteil oder nicht – nie in seiner unglaublichen Fülle sehen können.

DAS UNERKENNBARE ERKENNEN

30-Sekunden-Explosion

Wissenschaftliche Erkenntnisse gewinnen wir, indem wir Phänomene genau beobachten, in den gewonnenen Daten nach Mustern oder Gesetzen suchen, Thesen zum Grund für diese Muster oder Gesetze aufstellen, unsere Vermutungen prüfen, indem wir bisher noch nicht durch Beobachtung gewonnene Ergebnisse voraussagen, die wir anschließend durch neue Beobachtungen bestätigen oder widerlegen. Die wissenschaftliche Forschung erweist sich als sehr komplexer Prozess, denn insbesondere der Entwurf und die Durchführung der sorgfältigen Experimente und Berechnungen zur Überprüfung unserer Vorhersagen kosten nicht selten enorm viel Zeit und Geld. Und doch können wir vieles von dem, was wir wissen – oder auch nur zu wissen glauben – noch immer nicht beweisen oder werden es sogar nie können. Im Laufe der Jahrhunderte sind zahlreiche Metaphysiker zu dem Schluss gekommen, dass unsere in den Grenzbereichen der wissenschaftlichen Erkenntnis unvermeidliche Unwissenheit die Existenz eines übernatürlichen Plans oder einer allwissenden Gottheit voraussetzt. Andere wiesen diese Folgerung mit dem Hinweis zurück, dass schließlich alle Lücken in unserem Wissen gefüllt und die entsprechenden Phänomene natürlichen Prozessen zugeschrieben würden. Ein metaphysischer Mittelweg könnte die Wellen glätten: Die Wissenschaft ist dazu da, das Natürliche zu erklären und nicht das Übernatürliche zu beweisen oder zu widerlegen.

3-SEKUNDEN-BLITZ

Wenn wir etwas im Universum noch nicht verstehen oder nie verstehen werden, müssen wir dann eine oder mehrere Gottheit(en) oder andere übernatürliche Wesenheiten dafür verantwortlich machen?

3-MINUTEN-AUSDEHNUNG

Logische Axiome oder gefestigte Überzeugungen, die von Personen oder Institutionen mit großer Autorität weitergegeben, jedoch nie überprüft werden, und anderes unwissenschaftliches Wissen prägte schon lange vor dem wissenschaftlich fundierten Gesellschaft und Verhalten von uns Menschen mindestens ebenso stark. Wir nähern uns dem Unbekannten auf unterschiedliche Weise; je nach Umständen erweist sich der eine Zugang als geeigneter als der andere, doch den einzig richtigen, in jedem Fall besseren gibt es nicht.

VERWANDTE THEMEN

DAS UNIVERSUM DER ANTIKE
Seite 98

HYPOTHESEN ZUM UNIVERSUM
Seite 100

DAS BEOBACHTETE UNIVERSUM
Seite 102

3-SEKUNDEN-BIOGRAFIE

PIERRE-SIMON LAPLACE
1749–1827
Gilt mitunter als größter französischer Naturwissenschaftler und Mathematiker. Ein berühmtes Zitat von ihm besagt, es sei kein Eingreifen eines Schöpfers erforderlich, damit die Umlaufbahnen der Planeten um die Sonne stabil bleiben.

So unbefriedigend dies für manchen von uns auch klingen mag, aber evidenz- und glaubensbasiertes Wissen lassen sich vielleicht nur in Einklang bringen, wenn wir anerkennen, dass sie koexistieren und sich ergänzen, sich aber niemals gegenseitig aufheben werden.

WARUM SIND WIR HIER?

30-Sekunden-Explosion

Je besser wir Menschen die bestehenden wissenschaftlichen Theorien und Naturgesetze hinter den Vorgängen im Universum verstehen und neue entdecken, desto deutlicher wird, dass wir die Existenz unserer Spezies, unseres Planeten und vielleicht sogar des gesamten Universums womöglich dem Zufall zu verdanken haben. Nicht wenige Metaphysiker interpretierten dies dahingehend, dass menschliches Leben, Gesellschaft und Universum keinen tieferen Sinn haben, sondern wie alles, was unseres Wissens bei physikalischen und chemischen Prozessen entstanden ist – jedes Tier, jede Pflanze, jedes Mineral, ja überhaupt alles – nur durch Zufall existiert. Falls das zutrifft, gelangen wir zu umso größerer Einsicht bei umso geringerer Existenzangst, je weniger wir unserem Tun einen Sinn aufzuzwingen oder es zu bewerten versuchen. Andere Metaphysiker vertreten jedoch die gegenteilige Ansicht. Sie halten die Tatsache, dass das Universum als Teil seiner selbst uns Menschen hervorgebracht hat, die wir zu seiner Beobachtung fähig sind, für wirklich bemerkenswert. Ob Zufall oder nicht, unser Dasein und die Bestimmung, die wir ihm zuschreiben, entscheiden zumindest teilweise über den Zweck des Universums. Somit entzieht sich, wer der Menschheit eine wie auch immer geartete höhere, kosmische Bestimmung abspricht, bewusst der Verantwortung für die eigenen Gedanken und Handlungen.

3-SEKUNDEN-BLITZ
Die moderne Kosmologie verlangt nicht, dass unsere Existenz im Universum einem höheren Zweck dient, aber das bedeutet nicht, dass sie es nicht doch tut.

3-MINUTEN-AUSDEHNUNG
Metaphysik, die auf religiösen Vorstellungen beruht, geht meist von einem göttlichen Ursprung des Universums aus. Sie beinhaltet nicht selten gut etablierte Moralkodizes, nach denen die Menschen eine von dem/den göttlichen Schöpfer(n) ersonnene Bestimmung haben. Auch die nichtreligiöse Metaphysik enthält solche Kodizes, versucht deren Bestimmungen aber aus historischen Belegen oder Vorhersagen abzuleiten, wie es der Gesellschaft bei deren Befolgung oder Nichtbefolgung ergangen ist bzw. ergehen würde.

VERWANDTE THEMEN
HYPOTHESEN ZUM UNIVERSUM
Seite 100

DAS BEOBACHTETE UNIVERSUM
Seite 102

KOSMISCHES BEWUSSTSEIN
Seite 108

3-SEKUNDEN-BIOGRAFIEN
JEAN-PAUL SARTRE
1905–1980

SIMONE DE BEAUVOIR
1908–1986

Romancier, Dramatiker und Publizist bzw. Schriftstellerin, Philosophin und Feministin, die zu den bedeutendsten Vertretern des Existenzialismus gehörten; sie vertraten die Ansicht, alle sinnstiftenden metaphysischen Wahrheiten würden von Individuen stammen, die mit dem Universum interagieren, und dem Einzelnen nicht etwa von Göttern oder Institutionen vermittelt

Wir Menschen suchen nach dem Sinn im Universum; heißt das, dass unsere Existenz eine kosmische Bedeutung besitzt?

y=sin 2x
x=aⁿ·bⁿ;
x-2=Ax

KOSMISCHES BEWUSSTSEIN

30-Sekunden-Explosion

Die Ergebnisse neuropsychologischer Untersuchungen legen nahe, dass es sich beim menschlichen Bewusstsein um eine emergente Eigenschaft handelt, die auf das Zusammenspiel biologischer Prozesse zurückgeht. Bei der Herausbildung komplexer Strukturen in einem Organismus sind allein schon aufgrund von deren Vielschichtigkeit überraschende Effekte zu erwarten. So wird sich der Organismus im Falle der Gehirnentwicklung jenseits einfacher Reaktionen auf Sinnesreize seiner Existenz bewusst und beginnt, über sich, seine Umwelt, seine Vergangenheit und Zukunft nachzudenken. Dieser Effekt hat Sprache, Mathematik, Wissenschaft, Kultur, Gesellschaft, Zivilisation, Technik und vieles mehr hervorgebracht. Der mögliche Fortschritt scheint grenzenlos – und damit auch das Zerstörungspotenzial. Unser Gehirn ist sicherlich außergewöhnlich, aber wir kennen heute viele weitaus komplexere Strukturen im Universum – darunter auch das Universum selbst. Dies macht die Annahme, dass etwas in der Art unseres Bewusstseins, womöglich viel tief greifender und weiter entwickelt, als wir Menschen es überhaupt zu begreifen vermögen, im oder sogar aus dem Kosmos entstanden ist, durchaus plausibel. Viele Weltreligionen, Weisheitstraditionen und Sci-Fi-Bücher setzen die Existenz eines höheren Bewusstseins (oder von Wesen, die es besitzen) voraus. Noch wurde aber kein stichhaltiger wissenschaftlicher Beweis für ein solches Phänomen entdeckt.

3-SEKUNDEN-BLITZ

Warum können wir scheinbar so unbedeutenden Geschöpfe das ganze Universum und alles darin beobachten und reflektieren?

3-MINUTEN-AUSDEHNUNG

Das menschliche Bewusstsein beeinflusst unsere Umwelt entscheidend, denn es bewegt Menschen zu Verhaltensweisen, die rein statistisch nicht zu erwarten sind. So treten wir nicht selten freundlich gegenüber Fremden auf, ohne an persönlichen Gewinn zu denken, oder suchen allein aus Neugier nach neuer Erkenntnis. In seiner Gesamtheit führt dieses Verhalten zu bemerkenswerten gesellschaftlichen Veränderungen. Falls das Universum ein noch tieferes Bewusstsein als wir Menschen besitzt, könnte es sich dann nicht in unerwarteter Weise wandeln?

VERWANDTE THEMEN

HYPOTHESEN ZUM UNIVERSUM
Seite 100

DAS BEOBACHTETE UNIVERSUM
Seite 102

WARUM SIND WIR HIER?
Seite 106

3-SEKUNDEN-BIOGRAFIE

RENÉ DESCARTES
1596–1650

Französischer Mathematiker und Philosoph, der in seinen *Prinzipien der Philosophie* den Grundsatz *ego cogito, ergo sum* (»Ich denke, also bin ich«, meist abgekürzt als *cogito ergo sum* zitiert) prägte, der zu einem Eckpfeiler der philosophischen Betrachtung von Ichbewusstsein und Bewusstsein wurde

Unsere Intelligenz mag noch so hoch sein, aber was Ebenen des Empfindens und Bewusstseins jenseits unseres Fassungsvermögens betrifft, bleibt uns nichts anderes übrig als zu raten.

DAS SCHICKSAL DES UNIVERSUMS

DAS SCHICKSAL DES UNIVERSUMS
GLOSSAR

Absoluter Nullpunkt Theoretisch mögliche niedrigste Temperatur, 0 Kelvin (–273,15 °C), bei der keine Wärmeenergie vorhanden ist. Im Labor wurden zwar Temperaturen sehr nahe am absoluten Nullpunkt erreicht, doch man nimmt an, dass sich Materie nicht bis auf den absoluten Nullpunkt abkühlen lässt.

Anthropozän Vorgeschlagene neue geochronologische (erdgeschichtliche) Epoche, in der der Mensch einen spürbaren Einfluss auf den Planeten ausübt. In dieser Zeit hat sich das Klima erwärmt, und es ist zu einem Massenaussterben nichtmenschlicher Arten (dem »Anthropozän-Aussterben«) gekommen.

Elektron und Positron Ein Elektron gehört als Lepton zu den Elementarteilchen im Universum, weist eine negative Ladung auf und ist normalerweise in den äußeren Bereichen von Atomen zu finden. Das bis auf seine positive Ladung mit dem Elektron identische Antiteilchen zum Elektron nennt man Positron. Treffen ein Elektron und ein Positron im Universum aufeinander, vernichten sie sich gegenseitig, wobei hochenergetische Photonen entstehen.

Entropie Wird oft vereinfachend als »Maß der Unordnung in einem System« erklärt. In der Physik beschreibt dieses Konzept die Anzahl der maximal möglichen Mikrozustände in einem Makrosystem. Ohne einen äußeren Einfluss nimmt die Entropie eines Systems nur so lange zu, bis sie ihren Maximalwert erreicht hat.

Ereignishorizont Alles, was sich hinter dieser Grenze befindet, ist für einen Beobachter nicht zu erschließen. Bei einem Schwarzen Loch kehrt von hinter dieser Linie nichts, das hineinfällt, mehr zurück – auch kein Licht. In der Kosmologie markiert der Ereignishorizont die maximale Entfernung, aus der das Licht seit Anbeginn des Universums zu uns gelangt ist.

Halbwertszeit Beim radioaktiven Zerfall die Zeit, bis die Hälfte der Atomkerne eines bestimmten Elements zerfallen sind.

Hawking-Strahlung Von Stephen Hawking postulierte Strahlung, die durch spontan am Ereignishorizont eines Schwarzen Lochs auftauchende Teilchen-Antiteilchen-Paare verursacht wird und dazu führt, dass Schwarze Löcher sehr langsam an Masse verlieren (verdampfen). Die Verdampfung beschleunigt sich mit abnehmender Masse des Schwarzen Lochs immer mehr. Allerdings erwartet man, dass sie nur für (theoretisch) mikroskopisch kleine Schwarze Löcher von Bedeutung ist.

Kosmische Hintergrundtemperatur Die Temperatur der kosmischen Hintergrundstrahlung im Universum. Das Universum war in seiner Frühzeit sehr heiß, hat sich aber seitdem fortwährend abgekühlt, sodass die aktuelle Hintergrundtemperatur nur 2,7 Kelvin beträgt.

Neutronenstern Entsteht im Endstadium der Sternentwicklung eines massereichen Sterns bei einer Supernova-Explosion. Neutronensterne sind stadtgroße, kugelförmige Atomkerne, die vollständig aus Neutronen bestehen und durch den sogenannten Entartungsdruck zusammengehalten werden (vereinfacht: Nach der Heisenberg'schen Unschärferelation muss ein Neutron einen bestimmten minimalen Raum einnehmen).

Planetarischer Nebel Überrest eines massearmeren Sterns, der entsteht, wenn dessen äußere Atmosphäre am Ende seines Lebens in den Weltraum geschleudert wird und einen Weißen Zwerg hinterlässt. Der irreführende Name kommt daher, dass planetarische Nebel im Teleskop meist kugelförmig erscheinen und so für die frühen Beobachter wie ferne Gasplaneten aussahen.

Roter Riese Stern, dem der Wasserstoff für die Fusion (Wasserstoffbrennen) in seinem Kern ausgegangen und der heiß genug ist, damit die Fusion von Helium- zu Kohlenstoffatomen in Gang kam. Das Heliumbrennen ist mit einer Ausdehnung und Abkühlung der äußeren Schichten verbunden, sodass der Stern viel größer und rot erscheint. Die Sonne dürfte in etwa vier Milliarden Jahren zum Roten Riesen werden und bei ihrer Ausdehnung die inneren Planeten des Sonnensystems verschlucken.

Supernova Für den Beobachter ein neuer, extrem heller Stern am Himmel, der bei zweierlei physikalischen Ereignissen entstehen kann: Explosion eines massereichen Sterns am Ende seines Lebens, die entweder einen Neutronenstern oder ein Schwarzes Loch hinterlässt, oder Akkretion von zu viel Material durch einen Weißen Zwerg, die ihn durch Eigengravitation kollabieren und explodieren lässt.

Tunneleffekt Ein quantenmechanisches Phänomen: Ein Teilchen kann eine Potenzialbarriere von endlicher Höhe auch dann überwinden, wenn dies nach den Regeln der klassischen Physik unmöglich wäre.

Weißer Zwerg Entsteht im Endstadium der Entwicklung eines masseärmeren Sterns. Zuerst existiert er als Kern eines Riesensterns, der schließlich seine äußere Atmosphäre als planetarischen Nebel abstößt und den Weißen Zwergen freigibt. Der etwa erdgroße, zu Anfang sehr heiße Sternenrest verfügt über keine Energiequelle, kühlt deshalb mit der Zeit ab und verblasst. Er besteht aus hoch komprimierten Atomen und wird durch Entartungsdruck der Elektronen (ein quantenmechanischer Effekt, nach dem jedes Elektron einen minimalen Raum einnehmen muss) zusammengehalten.

Zweiter Hauptsatz der Thermodynamik Die Entropie eines Systems nimmt ohne äußeren Einfluss zu, bis sie ihren Maximalwert erreicht hat (ein Beispiel ist die maximale Vermischung von Gasen in einem Raum).

8. Januar 1942
Geburt in Oxford, England

1962
Bachelor an der Universität Oxford, Wechsel nach Cambridge, Trinity Hall, für die Promotion

1963
Diagnose einer Amyotrophen Lateralsklerose (Lou-Gehrig-Syndrom)

1970
Gastprofessur am Caltech, Forschung zu den Eigenschaften Schwarzer Löcher, unter anderem mit dem Nobelpreisträger Kip Thorne

1979
Berufung nach Cambridge als Inhaber des Lucasischen Lehrstuhls für Mathematik

1988
A Brief History of Time (Eine kurze Geschichte der Zeit, 1991)

2009
Forschungsdirektor am Fachbereich Angewandte Mathematik und Theoretische Physik in Cambridge

14. März 2018
Tod in Cambridge mit 76 Jahren

STEPHEN HAWKING

Existieren Schwarze Löcher

wirklich? Wenn ja, bestehen sie ewig? Falls nicht, verschwindet dann die Quanteninformation, die in ein Schwarzes Loch gefallen ist, oder kann sie wiederhergestellt werden? Das waren nur einige der kosmischen Fragen, die der britische Astrophysiker Stephen Hawking zu Lebzeiten zu beantworten suchte.

In seiner Studentenzeit als ziemlicher Rebell und Draufgänger bekannt, stellte Hawking schon früh mit einer Doktorarbeit zur allgemeinen Relativitätstheorie und Kosmologie seinen großen Forschergeist unter Beweis. Er befasste sich mit zahlreichen Themenbereichen, die mit der Struktur und dem Ursprung des Universums zusammenhingen. Als Schwerpunkt wählte er die Schwarzen Löcher aus, deren Existenz im ausgehenden 20. Jahrhundert noch keineswegs auch nur annähernd bewiesen war. Mit seinem Freund und Kollegen Kip Thorne schloss Hawking eine Wette zu Schwarzen Löchern ab, die später Berühmtheit erlangte: Er stellte sich auf die Seite der Skeptiker, die sie für nichtexistent hielten, aber nicht etwa, weil auch er dieser Ansicht war, sondern weil er sich zumindest einen kleinen Trostpreis erhoffte, falls dies stimmte. Hawkings bekannteste Entdeckung ist die Strahlung, die seinen Namen trägt: Energie, die aufgrund quantenmechanischer Prozesse, dank derer sie die immense Gravitation eines Schwarzen Lochs überwinden kann, mit beinahe unendlicher Langsamkeit daraus austritt. Somit bestätigt die Hawking-Strahlung, dass Schwarze Löcher zwar nicht ewig bestehen, aber als die wahrscheinlich langlebigsten Objekte im Universum gelten dürfen.

Infolge der bei ihm im frühen Erwachsenenalter diagnostizierten langsam fortschreitenden Amyotrophen Lateralsklerose verlor Hawking nach und nach die Kontrolle über seine Gliedmaßen und später auch über den Rest seines Körpers. Den gewohnten Vorstellungen vom Leben eines Behinderten trotzend, führte er jedoch dank technischer Hilfsmittel wie motorisiertem Rollstuhl und Sprachcomputer ein produktives Leben mit einer mehr als beeindruckenden wissenschaftlichen Karriere.

1988 erschien sein Besteller-Sachbuch *Eine kurze Geschichte der Zeit* in der englischen Originalfassung, drei Jahre später auch auf Deutsch, und machte ihn zum Superstar. Er spielte sich selbst in über hundert Fernseh-, Spiel- und Dokumentarfilmen und trug so wesentlich dazu bei, die Geheimnisse der Wissenschaft einem breiten Publikum nahezubringen. Hawking schrieb bis zu seinem Tod im Jahre 2018 weiterhin Bücher und Forschungsarbeiten über Schwarze Löcher und andere kosmologische Rätsel.

DAS ENDE DES LEBENS AUF DER ERDE

30-Sekunden-Explosion

Die Erde hat im Laufe der Äonen zahlreiche Massenaussterben erlebt – auf jede heute existierende Spezies kommen Tausende ausgestorbene. Die Wissenschaftler stimmen jedoch weitgehend darin überein, dass das derzeitige Artensterben (Anthropozän-Massenaussterben) in erster Linie auf den Einfluss des Menschen auf die Umwelt zurückgeht. In Zukunft könnte auch eines der zwar unwahrscheinlichen, aber keineswegs unmöglichen kosmischen Ereignisse wie eine verheerende Kollision mit einem Kometen oder Asteroiden alles Leben auf der Erde auslöschen. Das letzte Wort in Bezug auf die Lebenserhaltungsfähigkeit der Erde dürfte allerdings die Sonne sprechen, denn unser lebensspendender Stern steigert seine Leuchtkraft um knapp ein Prozent pro 100 Millionen Jahre. Somit wird die Sonne in etwa einer Milliarde Jahren um zehn Prozent stärker leuchten als heute und die durchschnittliche Oberflächentemperatur auf der Erde 46 °C übersteigen. Die Ozeane werden verdampfen, und fast das gesamte Wasser in flüssiger Form, die wichtigste Voraussetzung für Leben auf unserem Planeten, wird mit Ausnahme einiger Vorkommen tief unter der Erde verschwinden. Die deutlich stärkere ultraviolette Strahlung könnte die DNA zerstören und den Planeten sterilisieren. Das Leben hat sich jedoch im Laufe der langen Erdgeschichte als widerstandsfähig erwiesen. Wird es sich vielleicht bis in einer Jahrmilliarde an die dann herrschenden »tödlichen« Bedingungen anpassen?

3-SEKUNDEN-BLITZ

In etwa einer Milliarde Jahren werden auf der Erde derart andere Bedingungen vorherrschen, dass Leben, wie wir es heute kennen, nicht mehr existieren kann.

3-MINUTEN-AUSDEHNUNG

Seit den ersten Menschen ist die Geschwindigkeit des Artensterbens im Vergleich zum in den Jahrmilliarden zuvor typischen um das Hundert- bis Tausendfache angestiegen. Wir beeinflussen außerdem die Evolution der Arten, indem wir beispielsweise durch Züchtung von Pflanzen und Tieren drastisch in den Prozess der natürlichen Selektion eingreifen. Andererseits retten Technik und das Tun des Menschen auch Arten vor dem Aussterben und könnten vielleicht sogar einmal durch die Kolonisierung anderer Planeten die Ausbreitung von Arten über die Grenzen unserer Welt hinaus ermöglichen.

VERWANDTE THEMEN

LEBEN, WIE WIR ES KENNEN
Seite 90

WARUM SIND WIR HIER?
Seite 106

DAS SCHICKSAL DER ERDE
Seite 118

3-SEKUNDEN-BIOGRAFIEN

DONALD BROWNLEE
geb. 1943

PETER WARD
geb. 1949

Amerikanische Astrobiologen, die mit Methoden aus der Astronomie und der Paläontologie Vergangenheit, Gegenwart und Zukunft des Lebens auf der Erde untersuchen

Schon ein nur wenige Kilometer großer Asteroid könnte bei einer Kollision mit der Erde das Aussterben der Menschheit herbeiführen.

DAS SCHICKSAL DER ERDE

30-Sekunden-Explosion

In etwa fünf Milliarden Jahren, lange nachdem die stark angestiegene Hitze der Sonne die Erdoberfläche sterilisiert hat, wird sich die Art und Weise, wie sie in ihrem Kern Energie produziert, von Grund auf ändern. Unser Stern wird sich um Größenordnungen ausdehnen, gleißend hell leuchten und die beiden innersten Planeten, Merkur und Venus, verschlucken. Die Erde könnte noch verschont bleiben, aber selbst wenn, wird die extreme Sonnenstrahlung vermutlich die Erdkruste und einen Großteil des Erdmantels zum Verdampfen bringen. In ihren letzten Zügen wird die Sonne Materie in der Größenordnung von hunderttausend Erdmassen Milliarden Kilometer in alle Richtungen in den Weltraum schleudern, sodass die Überreste unseres Planeten, wenn auch nur ein winziger Bruchteil dieser Sonnenmaterie sie trifft, ihrer vollständigen Vernichtung nicht entgehen werden. Die Existenz der Erde könnte jedoch auch abrupt enden, bevor die Sonne ihre zerstörerische Arbeit tut: Ein Himmelsobjekt, zum Beispiel ein Einzelgänger-Planet, ein Stern oder ein Schwarzes Loch, das auf einer zu nahe an der Erde vorbeiführenden und damit für diese verhängnisvollen Bahn ins Sonnensystem eindringt, könnte die Umlaufbahn unseres Planeten stören und ihn entweder in die Sonne stürzen oder weit in den Weltraum hinausbefördern.

3-SEKUNDEN-BLITZ

Falls die Erde nicht schon zuvor durch eine kosmische Katastrophe zerstört worden ist, hat die Sonne das Schicksal unseres Planeten in der Hand und wird es auch besiegeln.

3-MINUTEN-AUSDEHNUNG

Computermodelle legen nahe, dass Planetensysteme im Laufe ihrer Geschichte immer wieder Planeten verlieren. Auch in unserem Sonnensystem könnten zahlreiche Planeten aus ihren stabilen Bahnen geworfen und in den interstellaren Raum hinausgeschleudert worden sein. Die Wahrscheinlichkeit, dass ein derart starkes Gravitationsereignis die Erde betrifft, ist glücklicherweise selbst auf Jahrmillionen gesehen äußerst gering.

VERWANDTE THEMEN

LEBEN, WIE WIR ES KENNEN
Seite 90

WARUM SIND WIR HIER?
Seite 106

DAS ENDE DES LEBENS AUF DER ERDE
Seite 116

DER TOD DER SONNE
Seite 120

3-SEKUNDEN-BIOGRAFIEN

ICKO IBEN
geb. 1931

JAMES LIEBERT
geb. 1946

Amerikanische Astronomen, die mit ihrer Forschung wesentlich zum besseren Verständnis des Alterungsprozesses von Sternen und damit der zur Zerstörung der Erde führenden Vorgänge in der Sonne beigetragen haben

Der physikalische Körper unseres Planeten wird aufgrund des Alterungsprozesses der Sonne in etwa fünf Milliarden Jahren zerstört werden.

DER TOD DER SONNE

30-Sekunden-Explosion

Unser Heimatstern enthält 99,86 Prozent der Masse im Sonnensystem und ist damit bestimmend für sämtliche Vorgänge in unserer Ecke des Universums. Aus den Trümmern, die die Geburt der Sonne zurückließ, entstanden ihre Planeten inklusive der Erde und die meisten anderen Himmelskörper im Sonnensystem, und in etwa fünf Milliarden Jahren wird der Tod der Sonne das Ende unseres Planeten und alles anderen herbeiführen, was im Sonnensystem existiert. Um diese Zeit werden die Kernprozesse tief im Inneren der Sonne, die sie bis dahin im Gleichgewicht halten – sodass sie weder wächst noch schrumpft, sich weder stark erwärmt noch abkühlt –, ins Stottern geraten. Verursacher dieses Prozesses ist die Heliumasche, die die Kernfusion in der Sonne zum Erliegen bringt, so wie der Motor eines Autos bei einer zu großen Ansammlung von Ablagerungen versagt. In der Folge steigen Hitze und Druck im Inneren der Sonne stark an und setzen neue, stärkere Fusionsreaktionen in Gang, was seinerseits zu einem Anschwellen unseres Sterns und einer höheren Leuchtkraft führt: Die Sonne wird zum Roten Riesen. Schließlich stößt sie als letzten Lebensakt ihre äußeren Schichten ab und erzeugt so einen planetarischen Nebel. Zurück bleibt ihre Leiche, ein winziger Weißer Zwerg, der allmählich abkühlt und schließlich in der Dunkelheit des Weltraums verschwindet.

3-SEKUNDEN-BLITZ

Im Alter von etwa 4,6 Milliarden Jahren hat die Sonne zurzeit fast die Hälfte der stabilen Hauptreihenphase hinter sich; wenn ihr dereinst der Brennstoff ausgeht, wird sie sterben.

3-MINUTEN-AUSDEHNUNG

In seltenen Fällen verursachen andere Sterne eine »Verjüngungskur«. Falls die Sonne beispielsweise infolge gravitativer Wechselwirkungen einen Doppelbegleiter erhält und dieser zum Roten Riesen wird, könnten seine äußeren Gasschichten in den Wirkungsbereich der Sonnengravitation geraten und in die Sonne gezogen werden. Die Kernfusion in der auf diese Weise mit frischem Brennstoff versorgten Sonne würde vermutlich wieder mit jugendlicher Frische ablaufen und das Leben unseres Sterns um viele Jahrmillionen verlängern.

VERWANDTE THEMEN

DAS SCHICKSAL DER ERDE
Seite 118

STERNE ZU ASCHE
Seite 124

3-SEKUNDEN-BIOGRAFIEN

KARL-HEINZ BÖHM
1923–2014

ERIKA BÖHM-VITENSE
1923–2017

Deutsch-amerikanisches Astronomenehepaar, das unser heutiges Verständnis der stellaren Alterungsprozesse mitprägte

Die Sonne wird nach ihrem Tod etwa die Hälfte ihrer Masse zurück in den Weltraum schleudern und so womöglich die Saat für zukünftige Sternengenerationen aussäen.

GALAXIEN-KOLLISIONEN

30-Sekunden-Explosion

3-SEKUNDEN-BLITZ
Auch in einem expandierenden Universum zieht die Gravitation Galaxien zueinander, sodass Kollisionen unvermeidlich sind.

3-MINUTEN-AUSDEHNUNG
In ferner Zukunft steht der Milchstraße eine Kollision mit der benachbarten Andromedagalaxie bevor, denn die beiden Galaxien kommen einander pro Sekunde 75 Kilometer, das heißt zwei Milliarden Kilometer pro Jahr, näher. Zu unserem Glück vergehen bis dahin selbst bei dieser hohen Geschwindigkeit noch vier Milliarden Jahre. Vermutlich werden die Sonne und mit ihr auch die Erde dann nicht mehr existieren, aber falls die Menschheit bis dahin zu den Sternen gezogen ist, könnten unsere fernen Nachkommen vielleicht Zeugen dieses spektakulären Ereignisses werden.

Die allgegenwärtige Gravitation zieht Materieklumpen zueinander – man denke etwa an Wassertropfen, die sich auf ihrem Weg über die Fensterscheibe vereinen. Im Fall von Galaxien dauern diese Prozesse aufgrund der gewaltigen Entfernungen sehr lange. Kommen sie einander zu nahe, beginnt ein »kosmischer Tanz«, bei dem ihre feinen Strukturen ganz langsam auseinandergerissen werden. Die dabei entstehenden Gezeitenschweife und Trümmer breiten sich über Hunderttausende von Lichtjahren aus. Galaxien kollidieren nicht wie feste Objekte, denn sie bestehen zum größten Teil aus interstellarem Medium. Deshalb passieren sie einander beinahe unmerklich, wobei allein die Gravitation ihre Form verändert. Dieses destruktiv anmutende Szenario hat auch seine konstruktiven Seiten. Wir wissen heute, dass Galaxien beinahe ausschließlich durch Anhäufung und Verschmelzung vieler kleinerer Galaxien entstehen. Falls es ausreichend viele sind und beim Verschmelzungsprozess so viel Gas aufgebraucht wird, dass keine weitere Sternbildung mehr stattfindet, entsteht eine langweilige, tote elliptische Galaxie. Bei der Wechselwirkung von Galaxien, die interstellares Gas übrig lassen, entstehen dagegen – davon geht man heute aus – größere Spiralgalaxien: die seltenen Polarring-, die Balkengalaxien und andere Strukturen, die zu den schönsten Gebilden im Universum gehören, oder auch Gezeitenzwerggalaxien.

VERWANDTE THEMEN
MATERIE – HELL & DUNKEL
Seite 48

GALAXIEN
Seite 82

ZWISCHEN DEN STERNEN
Seite 86

DER TOD DER SONNE
Seite 120

3-SEKUNDEN-BIOGRAFIEN
ALAR UND JÜRI TOOMRE
geb. 1937 und 1940
Aus Estland stammende amerikanische Astrophysiker-Brüder, die als Erste Galaxienkollisionen mit dem Computer simulierten und die Toomre-Sequenz vorstellten, die die Phasen der Verschmelzung von Spiralgalaxien beschreibt

Aus weiter Ferne beobachtet, gehört die Kollision von Galaxien mit Gezeitenschweifen, -brücken und -ringen, die fantasievolle Gebilde wie Mäuse, Pinguine oder Rosen entstehen lässt, zu den schönsten Anblicken im Universum.

STERNE ZU ASCHE

30-Sekunden-Explosion

Astronomen betrachten einen Stern als »lebendig«, wenn in seinem Kern die Fusion leichterer und einfacherer zu schwereren und komplexeren Atomen abläuft, bei der Materie in Energie umgewandelt wird. Die Kernfusion in Sternen setzt sich jedoch selbst Grenzen, denn die dabei entstehenden schwereren Kerne sammeln sich im Zentrum des Sterns an und verstopfen schließlich den Kernreaktor. Der Stern »stirbt« und hinterlässt einen glühenden Körper, der ganz langsam auf die kosmische Hintergrundtemperatur von 3 Kelvin abkühlt. Die Art und Weise des Sterntodes fällt je nach seiner Masse bei der Geburt sehr unterschiedlich aus. Die masseärmsten Sterne leuchten weiterhin schwach, bis ihnen der Treibstoff ausgeht und sie als erdgroße Weiße Zwerge verblassen. Sterne mit mittlerer Masse wie die Sonne schwellen zu Roten Riesen an und enden darauf ohne zu explodieren ebenfalls als Weiße Zwerge. Die massereichsten Sterne explodieren in einer gigantischen Supernova und hinterlassen ein extrem dichtes Schwarzes Loch oder einen Neutronenstern. In diesen Fällen wird ein beträchtlicher Teil der ursprünglichen Sternmasse – überwiegend zu Kohlenstoff, Sauerstoff, Eisen und anderen für das Leben, wie wir es kennen, wesentlichen Elementen umgewandelt – zurück in den interstellaren Raum geschleudert, wo er die Geburt neuer Generationen von Sternen, Planeten und womöglich auch Ökosystemen ermöglicht.

3-SEKUNDEN-BLITZ

Man nimmt an, dass in etwa einer Billiarde (10^{15}) Jahren alle Sterne im Universum ausgebrannt sind.

3-MINUTEN-AUSDEHNUNG

Je weniger Masse ein Stern beim Einsetzen der Kernfusion besitzt, desto länger lebt er. Ein Stern mit hundertfacher Sonnenmasse überlebt nur wenige Millionen Jahre, unsere Sonne dagegen etwa zehn Milliarden und ein winziger Zwergstern mit weniger als einem Zehntel ihrer Masse über eine Billion Jahre. Nach den Schätzungen von Kosmologen dürfte das Universum höchstens etwa tausend Generationen der langlebigsten Sterne überdauern, also insgesamt etwa eine Billiarde Jahre.

VERWANDTE THEMEN

LEBEN, WIE WIR ES KENNEN
Seite 90

DER TOD DER SONNE
Seite 120

3-SEKUNDEN-BIOGRAFIE

SUBRAHMANYAN CHANDRASEKHAR
1910–1995
Aus Indien stammender US-amerikanischer Astrophysiker und Nobelpreisträger, der aufzeigte, wie sich massereiche Sterne über das Stadium des Weißen Zwerges hinaus zu Supernovae und Neutronensternen entwickeln

Sterne durchlaufen ein langes, aber nicht ewiges Leben vom Baby-Protostern über den alternden Riesen bis zur Sternleiche.

DER ZERFALL DER MATERIE

30-Sekunden-Explosion

Nach derzeitiger Kenntnis beträgt das Alter unseres Universums etwa 13,8 Milliarden Jahre, in deren Verlauf gewaltige Materiemengen in Form von komplexen Atomkernen durch radioaktiven Zerfall in einfachere umgewandelt worden sind. Beim Alphazerfall verlieren die Atomkerne meist zwei Protonen und zwei Neutronen, während der Betazerfall Neutronen unter Freisetzung von Elektronen und Neutrinos (oder Positronen/Anti-Elektronen und Antineutrinos) in Protonen umwandelt (oder umgekehrt). Diese häufigen Zerfallsarten können in den ersten Sekundenbruchteilen nach der Bildung eines Kerns auftreten oder auch Jahrmilliarden dauern. Noch viel fundamentaler wäre jedoch der Zerfall von Protonen in einfachere Komponenten. Dieser hypothetische Prozess konnte zwar noch nicht durch Beobachtung nachgewiesen werden, beträfe aber sämtliche Atome – von Wasserstoff über Eisen bis hin zu den Transuranen. Nach den aktuellen wissenschaftlichen Theorien beträgt die Halbwertszeit eines Protons, bis zu der es die Hälfte seiner Masse verloren hat, etwa 10^{34} Jahre. Falls Experimente diesen Wert bestätigen, dürften nach weniger als tausend dieser Halbwertszeiten, das heißt nach 10^{37} Jahren, alle Protonen im beobachtbaren Universum zerfallen sein und anstelle der Materie, wie wir sie kennen und verstehen, nur noch ein chaotisches Durcheinander subatomarer Teilchen vorliegen.

3-SEKUNDEN-BLITZ
Falls die aktuellen Theorien über Materie und Energie zutreffen, wird in 10^{37} Jahren im Universum kein Atom mehr vorhanden sein.

3-MINUTEN-AUSDEHNUNG
Obwohl Andrei Sacharows Protonenzerfallshypothese schon über ein halbes Jahrhundert alt ist, fehlt bis heute trotz umfassender Bemühungen jeder stichhaltige Beweis dafür. Als größte Anlage, in der man zurzeit auf eine Beobachtung des Protonenzerfalls hofft, gilt der japanische Super-Kamiokande-Neutrinodetektor. Allerdings hat man auch dort seit mehr als zwei Jahrzehnten noch keinen einzigen Protonenzerfall messen können.

VERWANDTE THEMEN
NEUTRINOS
Seite 68

DER TOD DER SONNE
Seite 120

STERNE ZU ASCHE
Seite 124

3-SEKUNDEN-BIOGRAFIEN

SHELDON LEE GLASHOW
geb. 1932

HOWARD GEORGI
geb. 1947

Amerikanische Physiker und Pioniere der Ausarbeitung von Modellen der großen vereinheitlichten Theorie (GUT), die unter anderem die Zeit bis zum Zerfall von Protonen vorhersagt

ANDREI SACHAROW
1921–1989

Sowjetischer Physiker und führender Dissident, der 1967 die Hypothese eines Protonenzerfalls aufstellte

Seit Jahren ist eine große Anzahl von Sensoren auf riesige unterirdische Flüssigkeitstanks gerichtet, um nach Beweisen für den Zerfall von Protonen zu suchen.

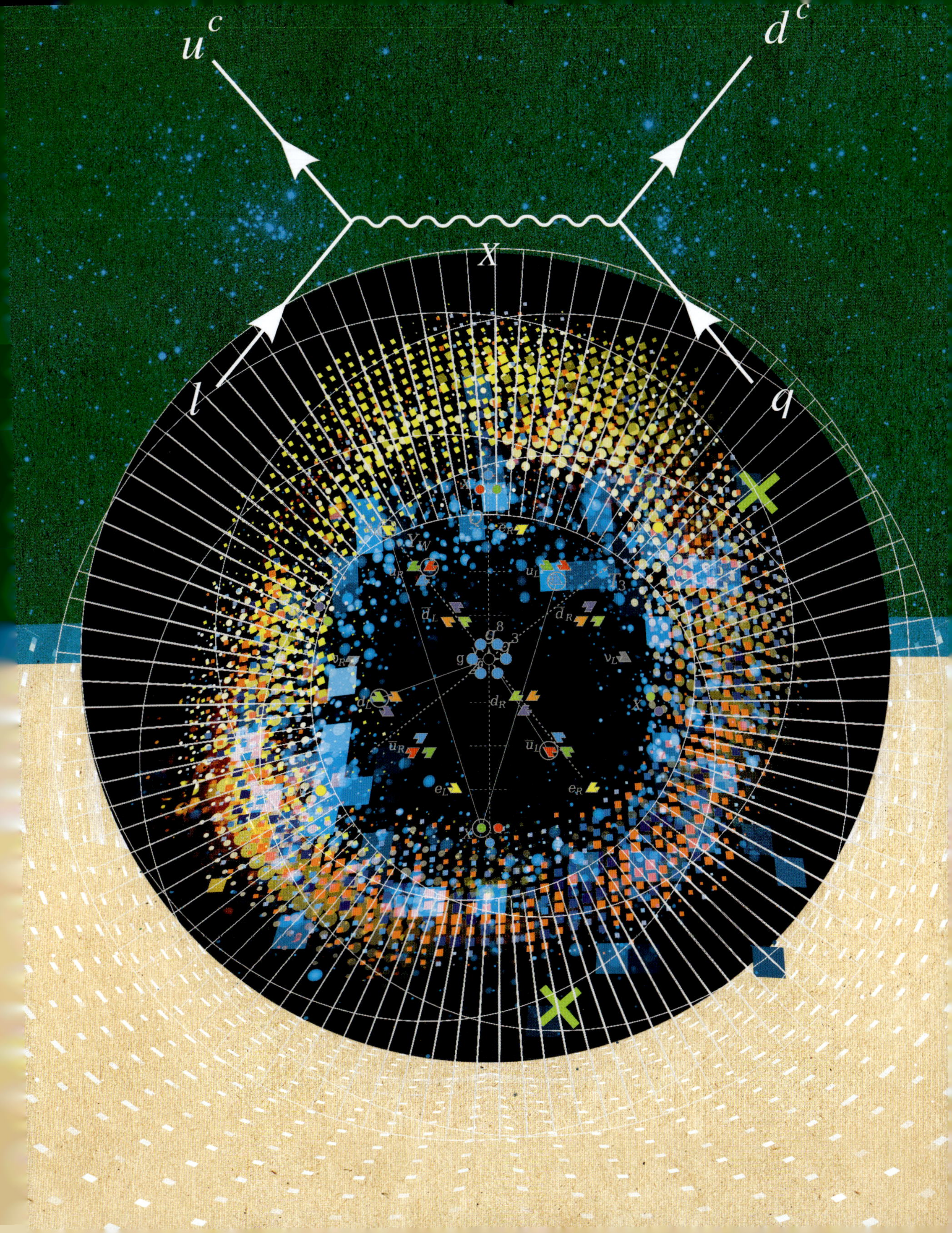

u^c
d^c
X
l
q

DAS VERDAMPFEN DER SCHWARZEN LÖCHER

30-Sekunden-Explosion

Wenn der letzte Stern ausgebrannt und alle atomare Materie zerfallen ist, überleben im Universum noch Schwarze Löcher – scheinbar unzerstörbar, weil die Oberflächengravitation eines Schwarzen Lochs so stark ist, dass nicht einmal Licht daraus entweicht. Wie also sollte ein Schwarzes Loch an Masse verlieren? Der weltberühmte britische Physiker Stephen Hawking zeigte genau dies auf: Schwarze Löcher können schrumpfen. Den Schlüssel fand er in den Eigenschaften ihrer Gravitationsgrenze ohne Wiederkehr. Hawking schlug vor, dass dieser sogenannte Ereignishorizont nicht etwa die Form einer festen, mathematisch perfekten Oberfläche hat, sondern quantenmechanischen Fluktuationen unterliegt. Die Energie innerhalb des Ereignishorizonts, so Hawking, erzeugt spontan Materie-Antimaterie-Paare subatomarer Teilchen, die in verschiedene Richtungen davonfliegen; bei entsprechenden Bedingungen könnte ein Teilchen dieses Paars durch den schwach schimmernden Horizont dem scheinbar perfekten Gefängnis entkommen. Die Vermutung liegt nahe, dass die Bedingungen für dieses Entweichen von »Hawking-Strahlung« nur sehr selten eintreten, sodass Schwarze Löcher nur äußerst langsam an Masse einbüßen dürften: Bei den supermassereichen Vertretern im Zentrum einer Galaxie mit millionen- oder sogar milliardenfacher Sonnenmasse würde es über 10^{100} Jahre dauern, bis dies der Fall wäre.

3-SEKUNDEN-BLITZ

Man vermutet, dass Schwarze Löcher ihre Masse in Form von subatomaren Teilchen ganz langsam ins Universum freisetzen; falls dies der Fall ist, existieren nach etwa 10^{100} Jahren keine mehr.

3-MINUTEN-AUSDEHNUNG

Die Hawking-Strahlung, die die Schwarzen Löcher möglicherweise an Masse verlieren und schließlich verdampfen lässt, gilt als extremes Beispiel für den Tunneleffekt – ein erstaunliches quantenphysikalisches Phänomen, das subatomaren Teilchen die Durchquerung scheinbar undurchdringlicher Barrieren ermöglicht. Ohne Tunneleffekt gäbe es weder die Mikroelektronik in unseren Handys noch die Kernfusion, die die Sterne am Leben erhält, noch vieles andere dazwischen.

VERWANDTE THEMEN

STEPHEN HAWKING
Seite 114

DER TOD DER SONNE
Seite 120

STERNE ZU ASCHE
Seite 124

DER ZERFALL DER MATERIE
Seite 126

3-SEKUNDEN-BIOGRAFIE

KIP THORNE
geb. 1940
Amerikanischer theoretischer Physiker, der mit Charles Misner und John Archibald Wheeler das maßgebliche Buch zur Gravitation in englischer Sprache verfasste und für sein Lebenswerk, darunter die Erforschung von Schwarzen Löchern und Gravitationswellen, mit dem Nobelpreis für Physik ausgezeichnet wurde

Falls Stephen Hawking recht behält, werden sich sogar Schwarze Löcher letztendlich in nichts auflösen.

DAS FINALE – DUNKEL & KALT

30-Sekunden-Explosion

Das Leben, so wie wir es definieren, hat ein Ende: Wenn etwas nicht irgendwann einmal stirbt, ist es nicht lebendig. Der Kosmos hat dafür alle Zeit des Universums. Selbst nach dem Verschwinden von Erde, Sonne, Sternen, Atomen und Schwarzen Löchern werden in über 10^{100} Jahren noch immer subatomare Teilchen ungeordnet im Weltraum umherschwirren und immer weiter auseinandergezogen, denn ihre kollektive Schwerkraft ist zu schwach, um der kosmischen Expansion zu widerstehen, die sie, von der Dunklen Energie angefacht, immer schneller nach außen drängt. Da nichts vorhanden ist, das die Expansion aufhalten könnte, wird die kosmische Hintergrundtemperatur sich immer mehr dem absoluten Nullpunkt annähern, während die Massendichte des Universums fast auf Null absinkt. Das Ergebnis ist ein unendlich lange andauernder Tod: ein kaltes, dunkles und leeres Universum. Beim Gedanken an den spektakulären Urknall und das anschließende Leben des Universums könnte sich dieses letzte Szenario in gewisser Weise wie das absolute Gegenteil eines Höhepunkts anhören. Allerdings existieren in einem Nulldichte-Universum auch keine durch die Schwerkraft verursachten asymmetrischen Falten oder Dellen in der Raumzeit, sodass sich das Universum zumindest im Tod einer Art absoluter Perfektion annähert.

3-SEKUNDEN-BLITZ

Falls man keine neuen physikalischen Gesetze entdeckt, müsste sich das Universum immer weiter ausdehnen, sodass es Ordnung und Struktur verliert und immer dunkler und kälter wird.

3-MINUTEN-AUSDEHNUNG

Nach dem zweiten Hauptsatz der Thermodynamik nimmt die Gesamtentropie – die chaotische thermische Energie, die für keine Arbeit genutzt wird – im Universum stetig zu. In einigen kosmologischen Modellen »pendelt« das Universum jedoch über extrem lange Zeiträume zwischen Expansion und Kontraktion. Falls der Kosmos sich wirklich zyklisch verhält, wird unser Universum eines Tages in sehr ferner Zukunft wieder auf einen winzigen Punkt zusammenschrumpfen und in einem erneuten Urknall wiedergeboren.

VERWANDTE THEMEN

DER URKNALL
Seite 16

MATERIE – HELL & DUNKEL
Seite 48

STERNE ZU ASCHE
Seite 124

DER ZERFALL DER MATERIE
Seite 126

DAS VERDAMPFEN DER SCHWARZEN LÖCHER
Seite 128

3-SEKUNDEN-BIOGRAFIEN

DAVID SPERGEL
geb. 1961
Amerikanischer Astronom, der mit seiner Erforschung der kosmischen Hintergrundstrahlung zur Klärung des Schicksals beigetragen hat, das unser Universum erwartet

PAUL STEINHARDT
geb. 1952
Amerikanischer Physiker, der maßgeblich an der Entwicklung von inflationären und zyklischen kosmologischen Modellen des Universums mitwirkte

Falls die Physik keine revolutionären Veränderungen erfährt, wird das Universum nicht im Feuer, sondern im Eis enden.

DAS MULTIVERSUM

DAS MULTIVERSUM
GLOSSAR

Brane/Bran Ihr Name ist aus *membrane* bzw. Membran verkürzt, und sie dienen in der Stringtheorie zur Verallgemeinerung von Objekten in unserem Universum in den höherdimensionalen Raum. Branen können mehr als vierdimensional sein, eine *p*-Brane beispielsweise *p*-dimensional. Die Branenkosmologie geht davon aus, dass unser wahrnehmbares vierdimensionales Universum (drei Raum- und eine Zeitdimension) als Bran in einen höherdimensionalen Raum, den sogenannten Bulk, mit weiteren, uns verborgenen Dimensionen eingebettet ist.

Bulk Ein in der Populärliteratur meist als Hyperraum bezeichneter höherdimensionaler Raum, der nach der Theorie die Bran mit unserem vierdimensionalen Universum enthält.

Interferometer Gerät, das die Lichtwellen aus zwei Quellen überlagert und ein Interferenzmuster erzeugt. Dies ermöglicht die Messung winziger Verschiebungen, wie sie beispielsweise durch vorbeiziehende Gravitationswellen verursacht werden, oder die Kombination von Licht aus separaten Teleskopen, um sehr detaillierte Bilder des Himmels zu erstellen.

Kaluza-Klein-Kompaktifizierung (kurz: Kompaktifizierung) Reduktion einer höherdimensionalen auf eine niedrigerdimensionale Theorie. In der Stringtheorie der Prozess, mit dem Dimensionen versteckt (aufgerollt) werden können.

LIGO *Laser Interferometer Gravitational-Wave Observatory*/Laser-Interferometer Gravitationswellen-Observatorium *siehe* Seite 150.

Multiversum Die Annahme, dass unser Universum nur eine von vielen Parallelwelten (Paralleluniversen) in einem Multiversum ist (zum Beispiel auf verschiedenen Branen im Bulk), wird manchmal zur Erklärung der physikalischen Konstanten sowie der errechneten Masse der fundamentalen Teilchen herangezogen. In einem Multiversum sind alle Werte möglich, und wir leben nur zufällig in diesem Universum mit den von uns wissenschaftlich beobachteten Werten – unter anderem ermöglicht dieser Satz von Werten die Bildung von Sternen und Planeten sowie die Entstehung von Leben, während andere dies nicht unbedingt tun.

Randall-Sundrum-Modell Eines der ersten Modelle der Branenkosmologie mit dem Universum als Brane im fünfdimensionalen Raum.

Superpartner (S-Teilchen) Supersymmetrische Theorie der Teilchenphysik. Das Standardmodell beinhaltet eine Supersymmetrie (SUSY), nach der jedes Fermion einen Superpartner in Gestalt eines Bosons mit gleicher Masse hat, das als *Sfermion* bezeichnet wird, während der Superpartner eines Bosons ein supersymmetrisches Fermion ist, das als *Bosino* bezeichnet wird. Im Falle des Top-Quarks mag der Name des Superpartners die Teilchenphysiker zum Schmunzeln gebracht haben, denn er lautet Stop-Quark.

Tevatron Bis 2011 aktiver Teilchenbeschleuniger am Fermilab in Batavia im US-Bundesstaat Illinois, der nach dem *Large Hadron Collider* (*siehe* Seite 62) der zweitstärkste Teilchenbeschleuniger der Welt war.

VWI (Viele-Welten-Interpretation) Interpretation der Quantenmechanik, nach der eine Beobachtung (quantenmechanische Messung) nicht zu einem Kollaps der Wellenfunktion (ein Teilchen muss sich für eine Wellenfunktion entscheiden) führt, sondern alle möglichen Zustände in verschiedenen Universen gleichzeitig auftreten, sodass eine Beobachtung nur eine Entscheidung herbeiführt, zu welchem Universum wir gehören.

12. August 1887
Geburt in Wien

1920
Heirat mit Annemarie Bertel, mit der er bis zu seinem Tod verheiratet bleibt

1926
Vorstellung der später nach ihm benannten Gleichung zur Beschreibung der für die Quantenmechanik grundlegenden Wellenfunktion in einer Reihe revolutionärer wissenschaftlicher Arbeiten

1933
Nobelpreis für Physik gemeinsam mit Paul Dirac für die Entdeckung neuer produktiver Formen der Atomtheorie

1935
Vorschlag eines Gedankenexperiments, das als »Schrödingers Katze« Berühmtheit erlangte

1940
Nach mehreren Stationen in verschiedenen Ländern Berufung zum Direktor der Schule für Theoretische Physik des *Dublin Institute for Advanced Studies*

1948
Einbürgerung in Irland unter Beibehaltung seiner österreichischen Staatsbürgerschaft

1956
Rückkehr nach Österreich, Leiter des Lehrstuhls für Theoretische Physik an der Universität Wien

4. Januar 1961
Tod in Wien an chronischer Tuberkulose im Alter von 73 Jahren

ERWIN SCHRÖDINGER

Der geniale und unkonventio- nelle Erwin Schrödinger lebte jahrzehntelang mit seiner Ehefrau in einer offenen, kinderlosen Beziehung, hatte aber drei Kinder von drei anderen Frauen. Der österreichische Wissenschaftler entschloss sich 1933 unter anderem wegen der antisemitischen Politik der deutschen Regierung dazu, von seiner Professur am angesehenen Institut für Physik der damaligen Friedrich-Wilhelms-Universität in Berlin zurückzutreten. Nach einem Weg durch etliche Forschungsinstitutionen in aller Welt ließ er sich 1940 in Dublin nieder und wurde 1948 (auch) irischer Staatsbürger. In einem 1944 veröffentlichten Buch mit dem Titel *Was ist Leben?* sinnierte er über dessen Ursprung und inspirierte damit die Nobelpreisträger James Watson, Francis Crick und Maurice Wilkins, wie sie selbst sagten, zur Untersuchung des jeglichem Leben zugrunde liegenden DNA-Moleküls. Schrödinger wird – wohl kaum überraschend – oft als Vater des vielleicht unsichersten und chaotischsten Bereichs der Wissenschaft betrachtet: der Quantenmechanik.

Die Schrödingergleichung, die zu den grundlegenden Gleichungen der Quantenmechanik und damit der modernen Physik gehört, beschreibt die Materie in ihrer Wellenfunktion, der einen Hälfte der Welle-Teilchen-Dualität aller Objekte im atomaren und subatomaren Universum, und brachte ihrem Autor 1933 den Nobelpreis für Physik ein.

Nicht-Physiker kennen ihn jedoch meist für sein als »Schrödingers Katze« bezeichnetes Gedankenexperiment, das auf humorvolle Weise die Vieldeutigkeit des Quantenuniversums verkörpert. Jedem Übergang von einem Energiezustand in einen anderen und jedem Kernzerfall wird im Quantenbereich eine Wahrscheinlichkeit zugeschrieben, mit der er geschieht oder eben auch nicht; dabei überlagern die Energiezustände einander, bis jemand den Übergang beobachtet und misst. Schrödinger stellte sich zur Veranschaulichung dieses abstrakten Sachverhalts eine Katze in einer Stahlkiste vor, die vergiftet wird, falls ein bestimmter radioaktiver Zerfall eintritt, aber nur dann. Somit wissen wir, bis wir die Kiste öffnen, nicht, ob dies wirklich geschehen ist – das Tier ist zugleich lebendig und tot.

Nach jahrelangem Forschen und Nachdenken gelangte Schrödinger zu einer weiteren, eher verrückt klingenden, aber mathematisch fundierten Einsicht: Da seine unglückliche Katze nur entweder lebendig oder tot sein kann und nicht beides, könnte ein Ereignis mit zwei möglichen Ergebnissen ein Paar Paralleluniversen erzeugen: In einem überlebt Schrödingers Katze, im anderen nicht. Nach einigen Jahren schlug die Viele-Welten-Interpretation in der Quantenphysik Wurzeln – zusammen mit der Idee, dass unser Universum nur eines von vielen in einem räumlich und zeitlich unbegrenzten Multiversum sein könnte.

EIN UNENDLICHES UNIVERSUM

30-Sekunden-Explosion

3-SEKUNDEN-BLITZ
Nach dem kosmologischen Modell des inflationären Universums könnten wir es auch mit einem Multiversum zu tun haben, das unendlich viele expandierende beobachtbare Universen mit einer unendlichen Charaktervielfalt enthält.

3-MINUTEN-AUSDEHNUNG
Einige Astrophysiker halten das inflationäre Multiversum für problematisch. Sie sehen ihre Aufgabe als Wissenschaftler darin, durch Beobachtungen und Experimente Erklärungen des Universums auszusortieren, bis nur noch die richtige Antwort übrig ist. Falls die Inflation jedes mögliche Universum hervorbringt, kann sie infolge fehlender Aussagekraft nicht als sinnvolle wissenschaftliche Theorie gelten. Andere widersprechen ihren Kollegen und sind der Ansicht, Beobachtungen würden das Inflationsmodell eines Tages bestätigen.

Das Universum dehnt sich seit dem Urknall mit etwa gleicher Geschwindigkeit aus. Eine Gruppe von Kosmologen stellte die These auf, dass es diese Expansionsgeschwindigkeit kurz nach seiner Entstehung während einer äußerst kurzen Phase extremer Inflation weit überschritt: Innerhalb von 10^{-32} Sekunden (einer Hundertquintillionstelsekunde) soll sich das Universum mindestens auf das 10^{26}-fache (hundertquadrillionenfache) aufgebläht haben! Falls dies zutrifft, könnte man mit dem Inflationsmodell mehrere wichtige, die Gleichförmigkeit und Geometrie des Universums betreffende Beobachtungen erklären. In den Jahrzehnten seit seiner ursprünglichen Formulierung hat sich herausgestellt, dass das Inflationsmodell ein bemerkenswertes kosmisches Szenario hervorbringen könnte. Unendlich viele Regionen des Universums könnten – über die gesamte Raumzeit – eine nach der anderen eine Hyperinflation durchlaufen (haben). Jedes Inflationsereignis brächte sein eigenes Set von kosmischen Horizonten und beobachtbaren Universen hervor – mit physikalischen Eigenschaften und Gesetzen, die völlig unvorhersehbar, von anderer Art als in jedem von einem anderen Inflationsereignis geschaffenen Set und von jenen aus im Wesentlichen unzugänglich sind. Die Inflation würde bis in alle Ewigkeit immer weitergehen und das Universum schließlich zu einem unendlichen Multiversum, in dem jedes mögliche beobachtbare Universum auch existiert.

VERWANDTES THEMA
DER URKNALL
Seite 16

3-SEKUNDEN-BIOGRAFIEN
ALAN GUTH
geb. 1947

ANDREI LINDE
geb. 1948

Amerikanischer bzw. russisch-amerikanischer theoretischer Physiker und Kosmologe, die zusammen mit Paul Steinhardt das Inflationsmodell des Universums begründeten, das sich seitdem weiterentwickelt hat und die Existenz eines Multiversums in den Bereich des Möglichen rückt

Eine ewig währende Inflation würde möglicherweise unendlich viele Universen hervorbringen, von denen keines je mit einem anderen in Kontakt treten könnte.

VIELE WELTEN

30-Sekunden-Explosion

3-SEKUNDEN-BLITZ
Eine Interpretation der Quantenmechanik impliziert, dass zu jedem beliebigen Zeitpunkt in der kosmischen Geschichte sehr viele Paralleluniversen entstehen.

3-MINUTEN-AUSDEHNUNG
Falls die Viele-Welten-Interpretation (VWI) zutrifft, so sind seit dem Urknall schwindelerregend viele Zeitlinien entstanden, und es werden ständig mehr. Alles, was im Laufe der Geschichte unseres Universums hätte geschehen können, es aber nicht tat, könnte in einem anderen Universum geschehen sein. Die Gesamtzahl der Zeitlinien muss jedoch nicht unendlich sein, und einiges, was in unserem Universum nie hätte geschehen können, hat es vielleicht auch in keinem anderen Universum je getan.

Die Quantenmechanik beinhaltet als wissenschaftliche Theorie eine Unschärfe. Jede Messung hat auf subatomarer Ebene eine Fehlermarge, und jedes Ereignis kann entweder geschehen oder nicht. In unserem Universum tritt jedoch letztlich nur eines von vielen möglichen Ergebnissen ein, das wir beobachten und messen können und das alles, was in der Folge geschieht, für immer beeinflusst. Eine in mathematischer Hinsicht zulässige Art und Weise, mit dieser Unsicherheit umzugehen, besteht in der Annahme, dass sowohl alle möglichen Ergebnisse als auch all ihre Auswirkungen auf die Zukunft eintreten. Für jedes Ereignis in der Geschichte der Zeit muss dafür eine neue Zeitachse erstellt werden. Da jede neue Zeitlinie dieselbe Geltung besitzt wie jede andere, müssen wir im Rahmen einer Viele-Welten-Interpretation (VWI) der Quantenmechanik anstelle einer Welt mit einer einzigen Vergangenheit, Gegenwart und Zukunft schier unendlich viele Welten annehmen, die parallel existieren und von denen keine mit einer anderen kommunizieren kann. Von uns für Bedeutung ist natürlich in erster Linie die unsrige, in der wir gemeinsam existieren und Erfahrungen machen. Vielleicht leben wir ja genau in diesem Moment auch in einem Paralleluniversum und lesen genau diese Worte, tragen dort aber andere Kleider, haben vielleicht einen anderen Haarschnitt oder wohnen in einem gelben U-Boot – wir werden es wohl nie erfahren.

VERWANDTES THEMA
EIN UNENDLICHES UNIVERSUM
Seite 138

3-SEKUNDEN-BIOGRAFIEN

HUGH EVERETT
1930–1981
Amerikanischer Physiker, der 1957 die VWI erstmals als »relative Formulierung der Quantenmechanik« vorbrachte

BRYCE SELIGMAN DEWITT
1923–2004
Amerikanischer theoretischer Physiker, der seit den Siebzigerjahren Everetts Formulierung der Quantenmechanik zu mehr Beachtung verhalf

Jede Entscheidung, die wir jemals getroffen haben, erzeugte vielleicht ein neues Universum mit einer eigenen Geschichte und einem jeweils völlig neuen Ich.

STRINGTHEORIE

30-Sekunden-Explosion

3-SEKUNDEN-BLITZ
Jedes Teilchen in unserem Universum ist vielleicht nicht mehr als eine vierdimensionale Projektion eines elfdimensionalen schwingenden Strings.

3-MINUTEN-AUSDEHNUNG
Wie können sich Dimensionen der Entdeckung entziehen? Eine Möglichkeit ist die auf die Kaluza-Klein-Theorie des deutschen Physikers Theodor Kaluza und deren Erweiterung durch den schwedischen Physiker Oskar Klein zurückgehende Kompaktifizierung, nach der Dimensionen in anderen komprimiert werden und damit unsichtbar sind. Ein anschaulicher Vergleich: Aus der Ferne sieht ein Stück Draht wie eine eindimensionale Linie aus, aber für eine Ameise, die darauf herumkrabbelt, besitzt er natürlich Länge, Breite und Tiefe und ist dreidimensional.

Noch immer scheinen viele Rätsel im Quantenuniversum mit der herkömmlichen Vorstellung von Teilchen, die in Raum und Zeit wechselwirken, keine Lösung zu finden. Abhilfe schafft hier ein erweitertes hypothetisches Modell des subatomaren Bereichs, nach dem die in unserem Universum beobachteten Teilchen nicht nur die vier Dimensionen der Raumzeit, sondern gleichzeitig auch weitere, derzeit weder beobacht- noch messbare einnehmen: Sie gelten als Teilmanifestationen höherdimensionaler, ständig schwingender Strings (»Fäden«, »Saiten«), deren Wechselwirkungen in bis zu elf Dimensionen alle Teilchen in unserem Universum erzeugen. Nehmen wir zur Veranschaulichung eine Gitarrensaite mit Eigenschaften wie Länge, Dicke, Zusammensetzung usw. – je nachdem, aus welchem Blickwinkel wir sie betrachten, sieht sie wie ein Punkt, eine Linie oder auch wie ein Kreis aus, der vielleicht flimmert, wenn sie schwingt. Während sie sich rasch hin und her bewegt, verändert die Saite ihre Form, bringt die Luft rundherum in Aufruhr und erzeugt Schallwellen, die wir hören können. Nun stellen wir uns vor, dass diese Gitarrensaite andere Saiten berührt, die unterschiedlich schnell vibrieren, sodass sie alle ihre eigenen Töne erzeugen. Welche neuen Töne oder Harmonien könnten sich daraus ergeben? Und bedenkt man, dass Gitarrensaiten nur drei Dimensionen aufweisen, welche erstaunliche Vielfalt könnten dann elfdimensionale Strings erzeugen? Mit großer Wahrscheinlichkeit alles im Universum.

VERWANDTE THEMEN
SUPERSYMMETRIE
Seite 144

M-THEORIE
Seite 146

MULTIPLE VERBINDUNGEN IM UNIVERSUM
Seite 148

3-SEKUNDEN-BIOGRAFIEN

THEODOR KALUZA
1885–1954
Deutscher Physiker, der 1919 aufzeigte, wie das Hinzufügen von Dimensionen zur Raumzeit dabei helfen könnte, die fundamentalen Wechselwirkungen zu vereinen

OSKAR KLEIN
1894–1977
Schwedischer theoretischer Physiker, der auf die Idee kam, dass weitere Dimensionen zu klein sein könnten, damit wir sie noch erkennen

Winzige mehrdimensionale Schwingungen von Materie, die in unserer Raumzeit nicht wahrnehmbar sind, könnten allem zugrunde liegen, was wir in unserem Universum wahrnehmen.

SUPERSYMMETRIE

30-Sekunden-Explosion

3-SEKUNDEN-BLITZ
Falls zu jedem subatomaren Teilchen genau ein supersymmetrischer Partner gehört, können wir zahlreiche grundlegende Geheimnisse des Universums erklären und über das Standardmodell hinaus vereinheitlichen.

3-MINUTEN-AUSDEHNUNG
Seit dem frühen 21. Jahrhundert suchen Forscher mithilfe gewaltiger Hochenergie-Teilchenbeschleuniger wie dem bis 2011 aktiven Tevatron am Fermilab in den USA und dem *Large Hadron Collider* am CERN bei Genf nach einer experimentellen Bestätigung der Superstringtheorie. Noch bestätigten ihre Daten jedoch nicht die Existenz supersymmetrischer Teilchen, sodass möglicherweise eine Neubewertung der Superstringtheorie ansteht – oder der Bau noch leistungsfähigerer Experimentieranlagen.

Das Standardmodell leuchtet hell am Firmament der modernen Wissenschaft. Wie jede glaubwürdige Theorie kennt sie aber auch Grenzen: Sie erklärt beispielsweise nicht, aus was für Teilchen die Dunkle Materie besteht. Einige dieser Rätsel lassen sich lösen, wenn wir die Existenz einer Reihe subatomarer Teilchen annehmen, die die bekannten Teilchen des Standardmodells symmetrisch widerspiegeln und sich gerade genug von jenen unterscheiden, um nur in bestimmten, extremen Umgebungen messbar zu sein. Der Begriff »Supersymmetrie« wird verwendet, um die Beziehung zwischen diesen sogenannten Superpartnern (S-Teilchen) und den bekannten Fermionen sowie Bosonen zu beschreiben. Verknüpft man die Supersymmetrie mit der Stringtheorie und deren grundlegender Vorstellung von der Existenz zahlreicher Dimensionen jenseits von Länge, Breite, Höhe und Zeit, finden auch einige Rätsel im Zusammenhang mit den Ursprüngen und der Geschichte des Universums eine Lösung. So können beispielsweise alle vier fundamentalen Wechselwirkungen des Universums (Gravitation, elektromagnetische, schwache und starke Wechselwirkung) zu einer einzigen zusammengefasst werden, die schon beim Urknall auseinanderzubrechen beginnt. So könnte die supersymmetrische Stringtheorie (Superstringtheorie) der Weg sein, um mit der Quantenphysik und der allgemeinen Relativitätstheorie die beiden großen theoretischen Gedankengebäude der modernen Wissenschaft zu vereinen.

VERWANDTE THEMEN
MATERIE & ANTIMATERIE
Seite 28

ALLGEMEINE RELATIVITÄT
Seite 40

MATERIE – HELL & DUNKEL
Seite 48

DAS STANDARDMODELL
Seite 60

STRINGTHEORIE
Seite 142

3-SEKUNDEN-BIOGRAFIEN
MARY GAILLARD
geb. 1939
SYLVESTER JAMES GATES
geb. 1950
EVA SILVERSTEIN
geb. 1970
SHAMIT KACHRU
geb. 1970
Vier der zahlreichen prominenten Physiker, die an den theoretischen Grundlagen der supersymmetrischen Stringtheorie arbeiten

Teilchen-S-Teilchen-Paare mit multidimensionalen Symmetrien könnten das Universum verknüpfen.

M-THEORIE

30-Sekunden-Explosion

Durch die Kombination von Stringtheorie und Supersymmetrie in der Superstringtheorie erarbeiteten die Physiker im ausgehenden 20. Jahrhundert mindestens fünf mathematische Formulierungen, die alle auf eine Verbindung von allgemeiner Relativitätstheorie und Quantenphysik auf der fundamentalsten kosmologischen Ebene verwiesen. Sie beinhalteten zehn Raum-Zeit-Dimensionen und wiesen komplexe Verbindungen untereinander auf, schienen aber als unabhängige Formulierungen aufzufassen zu sein. 1995 erfolgte ein konzeptueller Durchbruch: Jede dieser Superstring-Theorien, so der Vorschlag, konnte man als Grenzfall einer noch komplexeren Theorie mit elf Dimensionen betrachten. Den Schlüssel zu dieser elfdimensionalen Theorie lieferte die mathematische Vorstellung einer Membran: Stellen wir uns eine zweidimensionale Membran als flexible Erweiterung einer Saite (eines Strings) vor – wie eine Fahne, die sowohl seitlich als auch auf und ab flattern kann. Betrachtet man das multidimensionale Universum als Struktur, in der sich Teilchen und Membranen bewegen und interagieren, wobei unterschiedlich viel Energie hin- und herfließt, können vierdimensionale Raum-Zeit-Gebilde wie unser Universum geschaffen und zerstört werden, die möglicherweise mit weiteren Universen mit anderen Naturgesetzen, Grenzen und Lebenszeiten koexistieren.

3-SEKUNDEN-BLITZ

Vereint ermöglichen Superstrings und Membranen die gleichzeitige Existenz multipler Universen, wobei sich das unsere als vierdimensionales Gebilde in einer elfdimensionalen supersymmetrischen Struktur bewegt.

3-MINUTEN-AUSDEHNUNG

Das M im Namen der M-Theorie mit elf Dimensionen wurde von Anfang an mehrfach gedeutet. Ursprünglich bezog es sich auf die Membranstruktur der Theorie, doch schon früh ergaben Berechnungen, dass Membranen zur Beschreibung ihrer theoretischen Eigenschaften möglicherweise gar nicht erforderlich sind. Deshalb meinten die Befürworter der M-Theorie mit einem guten Quäntchen Ironie, das M könne wahlweise für »Membran«, »Mysterium« oder »Magie« stehen.

VERWANDTE THEMEN

STRINGTHEORIE
Seite 142

SUPERSYMMETRIE
Seite 144

MULTIPLE VERBINDUNGEN IM UNIVERSUM
Seite 148

3-SEKUNDEN-BIOGRAFIE

EDWARD WITTEN
geb. 1951
Amerikanischer Mathematiker und Physiker, der maßgeblich zur Geburt der M-Theorie während der »zweiten Superstring-Revolution« beitrug

Unser Universum verdankt seine Existenz vielleicht dem Kontakt von kosmischen Branen, die eine »Brise« durch das Multiversum treibt.

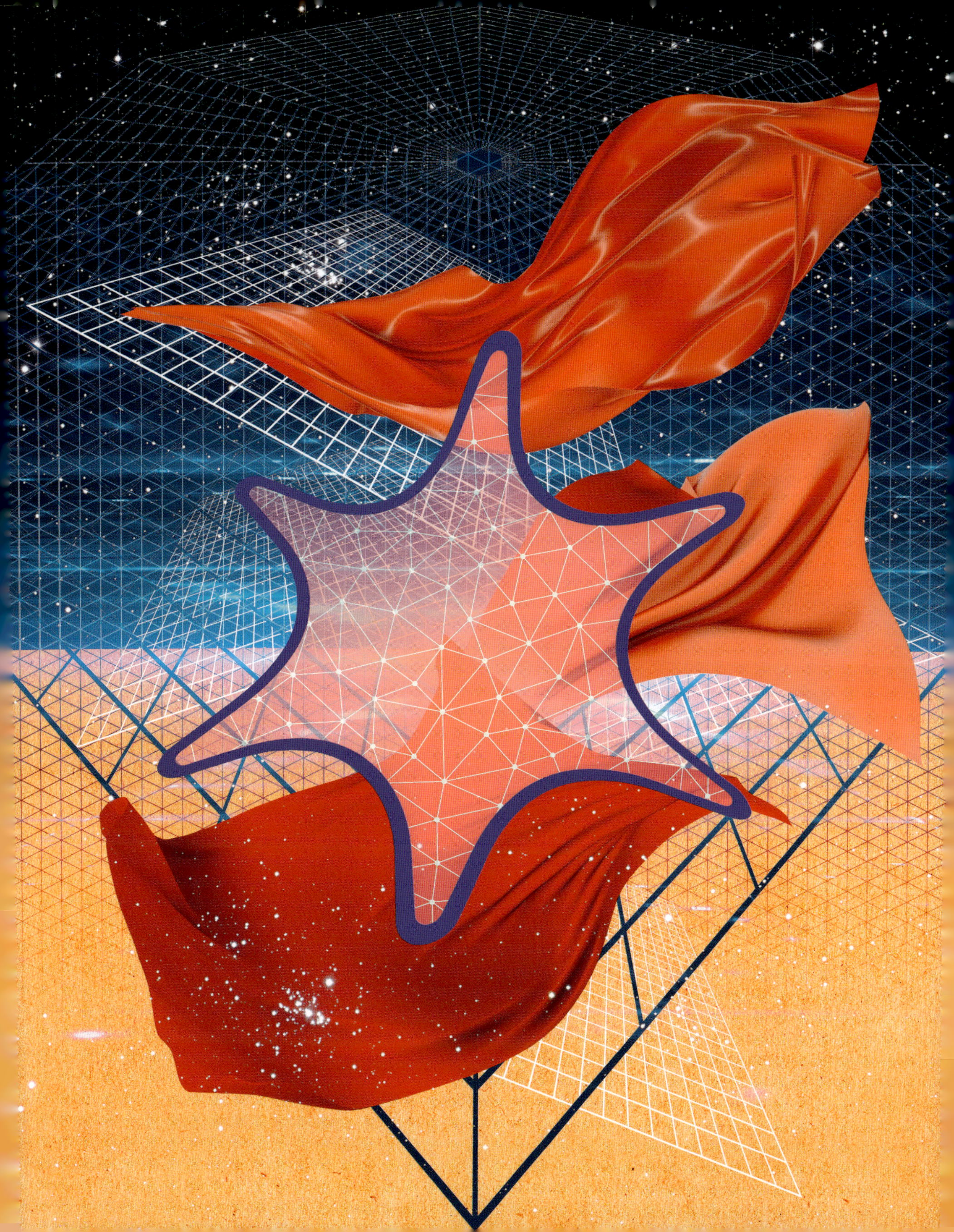

MULTIPLE VERBINDUNGEN IM UNIVERSUM

30-Sekunden-Explosion

3-SEKUNDEN-BLITZ
Nach mindestens einem plausiblen Wirkungsmodell der kosmischen Kräfte wechselwirkt unser Universum ständig mit einer anderen Raumzeit in einem noch höherdimensionalen Gebilde.

3-MINUTEN-AUSDEHNUNG
Die experimentelle Verifizierung jeder Theorie von miteinander verbundenen Membranen oder verzerrten Raum-Zeit-Dimensionen stellt eine immense Herausforderung dar. Eine Möglichkeit besteht darin, durch hochenergetische Kollisionen subatomarer Teilchen Gravitonen, die hypothetischen Träger der Gravitation, für Sekundenbruchteile in unserer Raumzeit nachweisbar zu machen. Die jahrelangen Kollisionsexperimente am *Large Hadron Collider* des CERN haben allerdings noch keinen solchen Nachweis erbracht.

Falls eine Version der M-Theorie zutrifft und unser Universum mit einer Zeit- und drei Raumdimensionen eine Bran in einem gewaltigen elfdimensionalen Gebilde ist, das unzählige mögliche Universen aufnehmen kann, in welcher Beziehung steht dann unser Universum zu anderen Universen darin, welche extra-dimensionalen Regeln bestimmen sein Verhalten, und ist unser Universum mit anderen verbunden? Fragen über Fragen, so scheint es, doch die wissenschaftlich gemessenen Parameter unseres Universums wie die unterschiedlichen Stärken der Gravitation und der elektromagnetischen Wechselwirkung können dazu beitragen, ihre Zahl zu verringern. Ein Beispiel ist das Randall-Sundrum-Modell. Die Gravitation hat in subatomaren Größenordnungen eine im Vergleich zum Elektromagnetismus extrem schwache Wirkung, überwiegt aber im interstellaren Bereich bei Weitem. Falls unser Universum als Bran in einen fünfdimensionalen Bulk eingebettet ist, könnte eine zweite Bran mit starker Gravitation über die fünfte Dimension mit der unsrigen interagieren. Wäre der Bulk in dieser fünften Dimension stark gekrümmt, so könnte unsere Bran im Vergleich zur anderen enorm anwachsen, während sich unsere Gravitation im selben Umfang verminderte. Obwohl wir weder den Bulk noch die andere Bran wahrnehmen können, wäre dann unsere Verbindung zu beiden die Ursache für die heutige Gestalt und die derzeitigen Eigenschaften unseres Universums.

VERWANDTE THEMEN

STRINGTHEORIE
Seite 142

SUPERSYMMETRIE
Seite 144

M-THEORIE
Seite 146

3-SEKUNDEN-BIOGRAFIEN
LISA RANDALL
geb. 1962

RAMAN SUNDRUM
geb. 1964

Amerikanische Physikerin und indisch-amerikanischer Physiker, die zwei Versionen des fünfdimensionalen Modells einer verzerrten Raumzeit formulierten, das heute ihren Namen trägt

Die rätselhaften Eigenschaften der Gravitation könnten durch die Art und Weise verursacht werden, wie unser Universum mit einer anderen Bran interagiert.

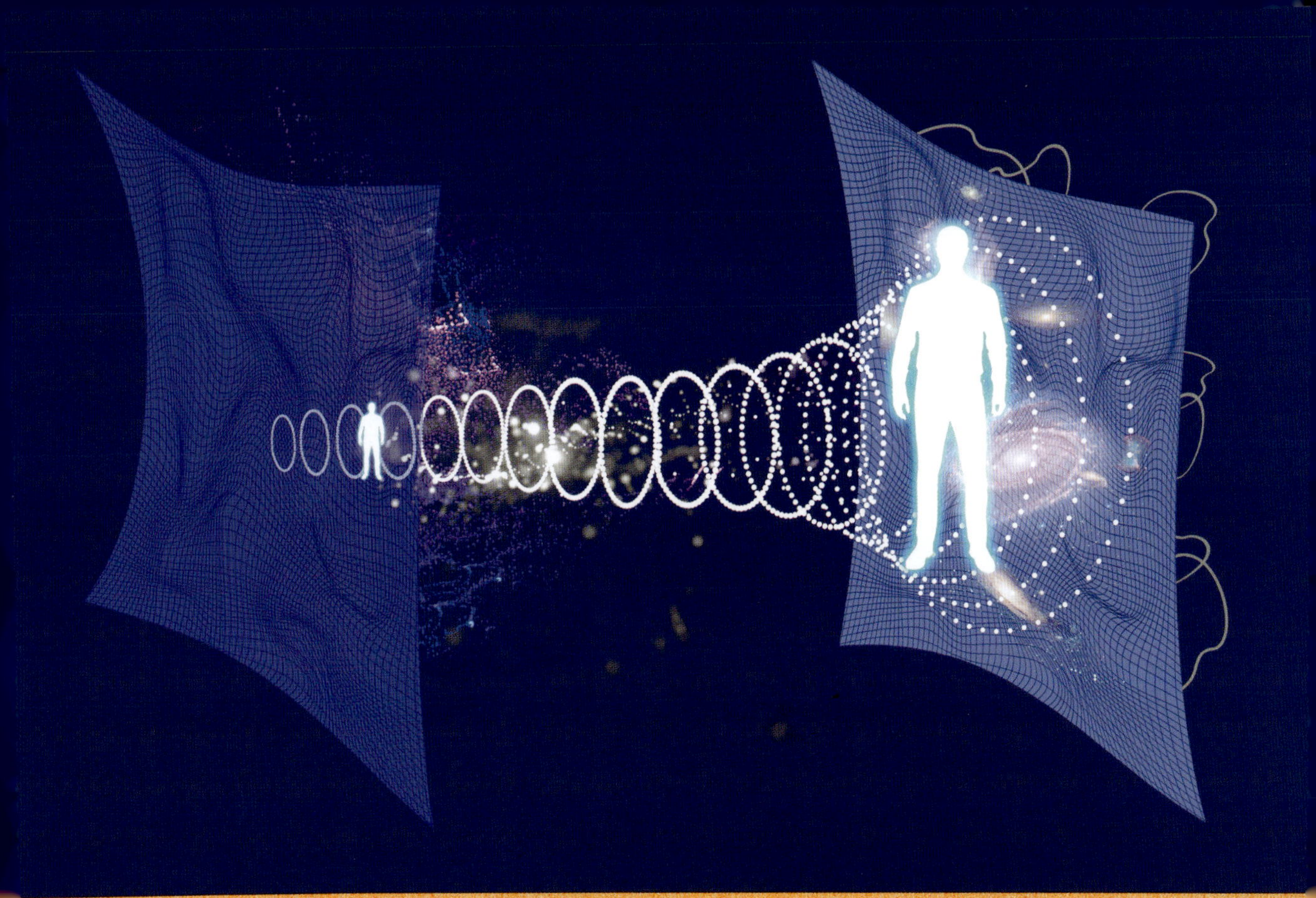

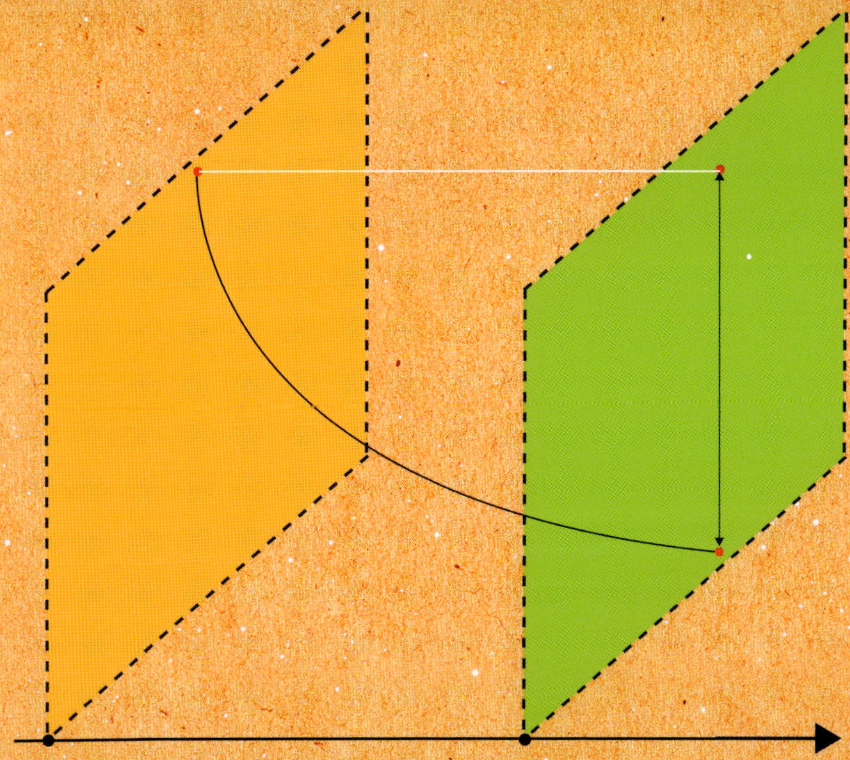

UNBEKANNTES UNIVERSUM

30-Sekunden-Explosion

Bei all den faszinierenden Möglichkeiten verborgener Dimensionen, paralleler Zeitlinien oder mehrerer Universen kann es leicht geschehen, dass wir die unzähligen Rätsel in unserer eigenen Raumzeit, entlang unserer Zeitlinie, in Bezug auf unser Universum und die bemerkenswerte Arbeit übersehen, die zu ihrer Lösung geleistet wird. Ein spektakuläres Beispiel ist die Entdeckung der Gravitationswellen. Vor vielen Millionen Jahren läuteten kollidierende Neutronensterne und Schwarze Löcher in fernen Galaxien unser Universum gleich dem Klöppel einer kosmischen Glocke. Die daraus resultierenden Raumzeitwellen breiteten sich aus und durchquerten schließlich die Erde, wobei sie ihren Durchmesser vorübergehend um weniger als die Größe eines Atomkerns verzerrten. 2015 und 2017 spürten Astrophysiker diese winzige Veränderung auf und maßen sie. So lösten sie ein Schlüsselrätsel der ein Jahrhundert zuvor von Albert Einstein veröffentlichten allgemeinen Relativitätstheorie. Doch neue Entdeckungen lösen nicht nur Rätsel, sondern werfen zugleich auch Fragen im Zusammenhang mit noch ungelösten Rätseln auf – beispielsweise, ob Gravitationswellen die Existenz von Gravitonen, den hypothetischen, für die Gravitation verantwortlichen subatomaren Teilchen, bestätigen können. Und außerdem könnten diese kosmischen Wellen uns neue Rätsel aufgeben.

3-SEKUNDEN-BLITZ

Selbst wenn wir uns auf die Entdeckungen im beobachtbaren Teil unseres Universums beschränken, sehen wir uns mit einem schier endlosen Strom unbeantworteter Fragen konfrontiert.

3-MINUTEN-AUSDEHNUNG

Schon die Gravitationswellen wurden erst nach fast fünf Jahrzehnten unermüdlicher Bemühungen Tausender engagierter Wissenschaftler und Ingenieure entdeckt, die LIGO – ein Observatorium, das aus zwei vier Kilometer langen unterirdischen Anlagen in den USA in 3000 Kilometern Entfernung voneinander besteht – entwickelten, bauten und betreiben. Der direkte Nachweis von Gravitonen kann wahrscheinlich nur mit einem Observatorium gelingen, dessen Masse und Volumen das unserer Erde um das Tausendfache übersteigt.

VERWANDTE THEMEN

ALLGEMEINE RELATIVITÄT
Seite 40

BOSONEN ALS VERMITTLER DER GRUNDKRÄFTE
Seite 64

3-SEKUNDEN-BIOGRAFIEN

RAINER WEISS
geb. 1932

BARRY BARISH
geb. 1936

Amerikanische Physiker, die sich ganz dem Nachweis von Gravitationswellen widmeten und für ihre Bemühungen an der Seite von Kip Thorne 2017 mit dem Nobelpreis für Physik ausgezeichnet wurden

Astronomen haben Wellen in der Raumzeit entdeckt, die durch zusammenstürzende Schwarze Löcher im fernen Universum verursacht werden.

ANHANG

QUELLEN

BÜCHER

Auf der Suche nach den ältesten Sternen
Anna Frebel
(Fischer Taschenbuch, 2014)

Das Glas-Universum: Wie die Frauen die Sterne entdeckten
Dava Sobel
(Fourth Estate, 2017)

A Grand and Bold Thing: An Extraordinary New Map of the Universe Ushering In A New Era of Discovery
Ann K. Finkbeiner
(Free Press, 2012)

The Handy Astronomy Answer Book
Charles Liu
(Visible Ink Press, 2013 (3. Auflage))

Kurze Antworten auf große Fragen
Stephen Hawking
(Klett-Cotta, 2019)

One Universe: At Home in the Cosmos
Neil deGrasse Tyson, Charles Liu und Robert Irion
(Joseph Henry Press, 1999)

The Perfect Machine: Building the Palomar Telescope
Ronald Florence
(HarperCollins, 1994)

Das Rätsel unseres Universums: Hatte Gott eine Wahl?
Martin Rees
(C.H. Beck, 2003)

Reality in the Shadows (Or) What the Heck's the Higgs?
S. James Gates Jr, Frank Blitzer und Stephen Jacob Sekula
(YBK, 2017)

Die Vermessung des Universums: Wie die Physik von morgen den letzten Geheimnissen auf der Spur ist
Lisa Randall
(Fischer Taschenbuch, 2013)

WEBSITES

American Astronomical Society (AAS)
aas.org
Die 1899 gegründete wichtigste Organisation für Berufsastronomen und Astrowissenschaftler in Nordamerika mit Sitz in Washington

Brookhaven National Laboratory (BNL)
bnl.gov
Nationales Forschungszentrum des US-Energieministeriums in Upton, New York, das unter anderem den *Relativistic Heavy Ion Collider* (RHIC), einen von zwei in Betrieb befindlichen Schwerionenbeschleunigern in den USA, beherbergt

CERN (Europäische Organisation für Kernforschung)
home.cern
Weltgrößte Großforschungseinrichtung für Teilchenphysik an der schweizerisch-französischen Grenze mit Teilchenbeschleunigern wie dem *Large Hadron Collider* (LHC), Detektoren und anderen physikalischen Experimenten

Fermi National Accelerator Laboratory (Fermilab)
fnal.gov
Nationales, auf Hochenergieteilchenphysik spezialisiertes Forschungszentrum des US-Energieministeriums in Batavia, Illinois, das mit dem Tevatron den nach dem LHC energiereichsten Teilchenbeschleuniger der Welt beherbergt

Galaxy Zoo and Zooniverse
galaxyzoo.org und zooniverse.org
Web-Plattformen für Citizen Science (Bürgerwissenschaft), auf denen Freiwillige aus der ganzen Welt professionelle Forscher unterstützen können, indem sie Galaxien persönlich von Hand klassifizieren (Galaxy Zoo) und andere Aufgaben übernehmen (Zoon Universe)

Harvard-Smithsonian Center for Astrophysics (CfA)
cfa.harvard.edu
Forschungsinstitut in Cambridge, Massachusetts, das 1973 als Joint Venture das Harvard-College-Observatorium und das *Smithsonian Astrophysical Observatory* (SAO) vereinte

International Astronomical Union (IAU)
iau.org
1919 gegründete Vereinigung der in der astronomischen Forschung und Ausbildung tätigen Berufsastronomen mit Sitz in Paris

LIGO (*Laser Interferometer Gravitational-Wave Observatory*/Laser-Interferometer Gravitationswellen-Observatorium)
ligo.org
Großversuchsanlage für Raum-Zeit-Physik, betrieben von Caltech und MIT, mit Observatorien in den US-Bundesstaaten Louisiana und Washington und Projektmitarbeitern in über 40 Instituten weltweit

Quantum Diaries
quantumdiaries.org
Blogs über die Welt der Quanten

Royal Astronomical Society (RAS)
ras.ac.uk
1820 als *Astronomical Society of London* gegründete Gesellschaft zur Unterstützung der astronomischen Forschung mit Sitz in London.

Sloan Digital Sky Survey
sdss.org
Multispektrale bildgebende und spektroskopische Durchmusterung eines Drittels des Himmels mit einem eigens konstruierten 2,5-Meter-Weitwinkelteleskop am Apache Point Observatory im US-Bundesstaat New Mexico seit 1998

Charles Liu (@chuckliu) lehrt als Professor Astrophysik am College of Staten Island der City University of New York und arbeitet für das American Museum of Natural History sowie das Hayden-Planetarium in New York. Als Co-Autor von *One Universe: At Home in the Cosmos* wurde er zusammen mit Neil deGrasse Tyson und Robert Irion 2001 mit dem *American Institute of Physics Science Writing Award* ausgezeichnet. Zurzeit verfasst er die 2020 erscheinende Neuauflage von *The Handy Physics Answer Book*. Lius Forschungen befassen sich insbesondere mit der Kollision von Galaxien, supermassereichen Schwarzen Löchern und der Sternentstehung. Studien in Harvard und an der University of Arizona folgten Postdoc-Forschungen an der Columbia University und am Kitt-Peak-National-Observatorium. Liu nahm verschiedene Positionen bei der *American Astronomical Society* ein und ist derzeit Präsident der *Astronomical Society of New York*. Er ist verheiratet und hat drei Kinder.

Karen Masters lehrt als außerordentliche Professorin Astronomie und Physik am Haverford College bei von Philadelphia. Sie wuchs in den britischen Midlands auf und studierte Physik in Oxford. Nach ihrer Promotion in Astronomie an der Cornell University im US-Bundesstaat New York forschte und arbeitete sie am *Harvard-Smithsonian Center for Astrophysics* und am Institut für Kosmologie und Gravitation der Universität Portsmouth in Großbritannien. Masters befasst sich insbesondere mit der Analyse von Durchmusterungen, um die Geburt und Entwicklung von Galaxien in unserem Universum zu verstehen. Sie ist Forschungsmitarbeiterin und Teamleiterin bei *Galaxy Zoo* (www.galaxyzoo.org), einem der zur Zeit produktivsten bürgerwissenschaftlichen Projekte, und Sprecherin der Durchmusterung *Sloan Digital Sky Survey* (www.sdss.org) mit dem Ziel, das expandierende Universum zu kartieren. Masters ist mit einem Studienkollegen verheiratet und hat zwei Kinder. Sie twittert als @KarenLMasters und trug das Kapitel über Mary Somerville zu einer Anthologie mit Geschichten über Frauen in Naturwissenschaften und Technik unter dem Titel *More Passion for Science: Journeys into the Unknown* bei.

Sevil Salur lehrt als außerordentliche Professorin Physik und Astronomie an der Rutgers University in New Jersey. Zuvor war sie unter anderem als Forscherin an der Universität von Kalifornien, Davis und am *Lawrence Berkeley National Laboratory* tätig. Nach einem Bachelor-Abschluss in Berkeley promovierte Salur in Yale. Sie befasst sich mit experimenteller Hochenergie-Kernphysik und untersucht die Eigenschaften stark wechselwirkender, heißer und dichter Materie, die am *Large Hadron Collider* (LHC) des CERN in Genf und am *Relativistic Heavy Ion Collider* (RHIC) des *Brookhaven National Laboratory* auf Long Island, New York, produziert wird. Salurs Forscherteam untersucht die quantitativen Eigenschaften dieses als Quark-Gluon-Plasma bezeichneten Materiezustands, wie er vermutlich in den ersten 0,000001 Sekunden nach dem Urknall existierte. Sie joggt gern und verbringt viel Zeit mit ihrer Familie, darunter zwei Kinder, deren Universen sich alle 30 Sekunden auszudehnen scheinen.

INDEX